U0370466

中国文化史
知识丛书

中国古代农业

李根蟠

商务印书馆

2005年·北京

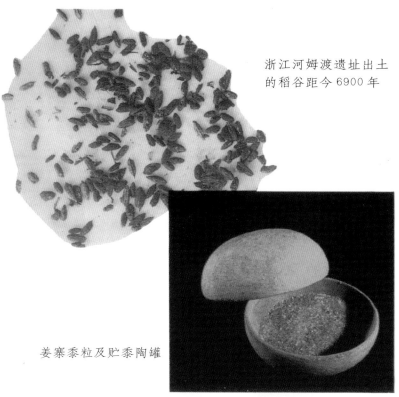

浙江河姆渡遗址出土的稻谷距今6900年

姜寨黍粒及贮黍陶罐

半坡粟粒和贮粟陶罐

骨耜

原始陶器上的麻布印纹

原始石磨盘

陶猪图

石斧

牛耕（甘肃）

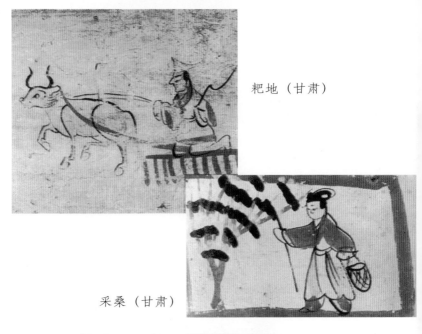

耙地（甘肃）

采桑（甘肃）

扬扬（甘肃）

甘肃嘉峪关出土
画像砖耙地图

甘肃嘉峪关出土魏
晋画像砖牧牛图

甘肃嘉峪关出土
画像砖牧马图

甘肃嘉峪关土
画像砖牧畜图

甘肃嘉峪关出土
画像砖坞壁图

耕织图

康熙耕织图

编 者 献 辞

　　中国是世界文明古国之一。古代世界曾经辉煌灿烂的文明国家,多数没有能够继续维持下去,有的中断了,有的随着文化重心的转移而转移到另外的地区。唯有中国这个国家,既古老又年轻。从原始社会到形成国家,有文字可考的历史有五千年以上。中国和中国文化屹立于世界之林,一脉相承,历久而弥新。

　　中国文化是个发展的、历史的范畴,具有包容性与持久性:除了时代差异外,尚有着地域与民族的差异性。它是在连绵几千年中,以华夏民族为主体的中华民族各地域文化(包括中原文化、齐鲁文化、荆楚文化、巴蜀文化、吴越文化、岭南文化、闽台文化等)和各民族文化(包括壮、满、蒙、回、藏等中国 56 个民族的文化)长期地、不断地交流、渗透、竞争和融合的结果。从这个意义上说,中国文化的发展是具体的、历史的,又是多地域、多民族、多层次的立体网络。中国文化是起源于上古贯穿到现在,在黄河、长江及其周围地域形成并延续至今的中华民族共同的文化、共同的社会心理与习俗的结晶。

继承中国文化遗产，并不是对中国古代文化毫无选择地一概接受，而是要继承其优良传统，摒弃其封建糟粕。

今天中国正处在向现代化迈进的新时期。了解过去的优秀文化，正是为创造未来的新文化。这对于提高民族自尊心，增强民族凝聚力，有着极为重要的意义。青少年是国家的未来，民族的希望，对他们进行传统文化的教育，既是当务之急，又是长远的目标。要让中学生和具有中等文化程度的读者掌握中国文化史的基本知识，了解中国文化辉煌的历史，继承、发扬优良传统，为建设具有中国特色的社会主义新文化打下基础，这是一件宏伟的事业，也是我们编辑这部丛书的宗旨。

对文化层次较高的成年读者以至专家来说，个人的专业知识总归有限，本丛书对于成年人也不失为一种高品位的、可信赖的文化知识读物。

本丛书的前身有 110 个专题，涉及历史文化的各个方面，由商务印书馆、中共中央党校出版社、天津教育出版社、山东教育出版社联合出版。现由编委会对类目重新加以调整，确定了考古、史地、思想、文化、教育、科技、军事、经济、文艺、体育十个门类，共 100 个专题，由商务印书馆独家出版。每个专题也由原先的五万多字扩大为八万字左右，内容更为丰富，叙述较前详备。希望这套丛书能多角度、多层次地反映中国文化的主流与特点，读者能够从中认识中国文化的基本面貌、了解中华民族的精神所系，这就是编者的最大愿望。

对于本丛书的批评及建议，我们将十分欢迎，力求使之趋于完善。

中国文化史知识丛书编辑委员会
一九九六年四月

中国文化史
知识丛书

目录

中国文化史
知识丛书

一

引言：中华文明的
火炬何以长明不灭

在人类历史上,不少地方曾燃起过古代文明的火炬,但随着历史的推移,它们又相继熄灭了。尼罗河流域和两河流域在公元前4000年率先进入文明时代,但当该地的文明古国分别在公元前6世纪和公元前4世纪被波斯和马其顿征服后,这里的古代文明就衰落以至中断了。公元前2500年左右达罗毗荼〔tú涂〕人在印度河流域建立了灿烂的哈拉帕文化,至公元前1750年左右也销声灭迹;而自公元前1000年雅利安人入侵后,印度地区长期陷于四分五裂,且又多次被外族所征服,近代又沦为英国殖民地。美洲文明起源稍晚,虽有过光辉成就,但后劲不继,直到16世纪被渡海而来的欧洲人征服时,其社会发展仍处于较低水平。曾登上古代文明峰巅的古希腊、古罗马,在公元5世纪蛮族入侵后,也进入了漫长而黑暗的中世纪。在世界古代文明中,唯有中华文明起源早、成就大,虽有起伏跌宕,但始终没有中断过。

中华文明的火炬何以长明不灭?

原因当然是多方面的。人们可以从不同角度进行探索,作出不同的解答。在这里,我们不打算评论这些解答,只想指出:形成世界文化史上这一突出现象必有其物质基础,这是我们不应忽视的。

农业是古代世界最重要的生产部门。社会的存在、文化的发展,有赖于农业基础的稳固。一个国家、一个民族,只有在其本身农业保持长盛不衰,或能够从外部取得农产品可靠供应的条件下,其文化和历史才能持续发展;如果农业衰落或中断了,其文化和历史就难以为继。

在中华民族的开化史上有发达的农业,它在农艺和单位面积产量等方面达到了古代世界的最高水平。它的一系列发明创造不但领先于当时的世界,而且对东亚和西欧农业的发展产生了深刻的影响。中国农业土地利用率很高,但耕地种了几千年而地力不衰,外国人叹为奇迹。

中国古代农业的特点是什么呢?可以用八个字来概括,这就是:多元交汇、精耕细作。它是中国古代农业强大生命力的来源。而中国古代农业的这种强大生命力，正是中华文化得以持续发展的最深厚的根基，也是中华文明火炬长明不灭的主要奥秘之一。

中国古代农业的这些特点是如何形成的？它包含了哪些主要内容？取得一些什么样的成就？——这就是本书所要回答的问题。

二

多元交汇　源远流长

——中国农业的起源和发展

ZHONG GUO

WEN HUA SHI

ZHI SHI

CONG SHU

1　自成一体的农业起源

在人类几百万年的历史中,绝大部分时间以采集渔猎为生,这种为谋取人类生存所必需的食物而进行的活动,也可以包括在最广义的农业之中;但严格意义上的农业,是从种植业和养畜业的发明开始的,它只有一万年左右的历史。农业和采猎虽然都以自然界的动植物为劳动对象,但后者依赖于自然界的现成产品,是"攫取经济";前者则通过人类的劳动增殖天然产品,是"生产经济"。只有农业发生发展了,才能改变采猎经济时期"饥则求食,饱则弃余"的状态,使长久的定居和稳定的剩余产品的出现成为可能,从而为文化的积累、社会的分工以及文明时代的诞生奠定基础。

农业起源于荒远的太古时代,当时还没有

文字记载，人们只能从神话传说和地下发掘中寻找它的踪迹。

（1）从"神农氏"谈起

在我国古史传说中，有一位有巢氏，他在树上栖宿，以采集坚果和果实为生；有一位燧人氏，他发明钻木取火，教人捕鱼为食；又有一位庖牺氏，他发明网罟〔gǔ 古〕，领导人民从事大规模渔猎活动。在庖牺氏以后，出现了神农氏，他是农业的发明者。在这以前，人们吃的是行虫走兽、果菜螺蚌，后来人口逐渐增加，食物不足，迫切需要开辟新的食物来源，神农氏为此遍尝百草，他多次中毒，又幸运地找到解毒方法，历尽千难万险，终于选择出可供人类食用的谷物。接着又观察天时地利，创制斧斤（斤亦斧类，它和斧都是砍伐林木的工具）耒耜（〔lěisì 垒似〕，两种直插式翻土农具，详见下节），教导人们种植谷物。于是，农业出现了，医药也顺带产生了。在神农氏时代，人们还懂得了制陶和纺织。

应该怎样看待这些神话传说呢？显而易见，上述一系列发明，不可能是某位英雄或神仙的恩赐，而是原始人类在长期生产斗争中的集体创造。但在没有文字记载的时代,原始人类的斗争业绩只能通过口耳相传的方式被世代传述着,在这过程中,它被集中和浓缩,并糅进原始人类的某些愿望和幻想,从而凝结为绚丽多彩的神话式的故事和人物。进入阶级社会以后,人们又往往用后世帝王的形象去改造他们。我们如果剔除这些后加的成分,就可以透过神话的外壳,发现真实的历史内核。例如,有巢氏、燧人氏和伏羲氏反映了我国原始时代采猎经济由低级向高级依次发展的几个阶段,神农氏则代表了中国农业发生和确立的一整个时代,从中可以窥见,中华民族的祖先如何在采集经济的发展中,为开辟新的食物来源而发明了农业。农业的发明又如何促使社会经济发生了一系列重大的变化。

(2)"无字地书"

考古学家的锄头也为我们探索农业起源开辟了新天地。目前我国已发现了成千上万的新石器时代农业遗迹,分布在从岭南到漠北、从东海之滨到青藏高原的辽阔大地上,尤以黄河流域和长江流域最为密集。

　　分布于黄土高原和黄河中下游大平原交接处的山麓地带的裴李岗文化和磁山文化,距今七八千年,已发现数十处遗址,构成黄河流域已知最早的农业区。该地原始居民已把种植业作为最重要生活资料来源,主要作物是俗称谷子的粟。磁山遗址曾发现88个堆放着黄澄澄的谷子的窖穴,原储量估计达13万斤。出土农具有砍伐林木用的石斧、翻松土壤用的石铲、收获庄稼用的石镰和加工谷物用的石磨盘、石磨棒等,制作精致,配套成龙。饲养的家畜有猪、狗、鸡,可能还有黄牛。除了种谷和养畜外,人们还使用弓箭、鱼镖、网罟等进行渔猎,并采集榛子、胡桃等作为食物的补充。在这些遗址中有半地穴式住房、储物的窖穴、制陶的窑址和公共墓地等,组成定居的原始聚落。分布于陕南的李家村文化和分布于陇东的大地湾文化,与裴李岗文化、磁山文化年代相当,经济面貌相似。如甘肃秦安大地湾遗址,发现了距今7000多年的栽培黍遗存。这些文化,人们统称之为前仰韶文化。黄河流域的农业文化就是在它的基础上发展起来的。距今7000年至5000年的仰韶文化时期,农业遗址遍布黄河流域,其中有几十万平方米的

大型定居农业村落遗址。距今 5000 年到 4000
年的龙山文化时期,黄河流域的农牧业更加发
达,已经有了比较稳定的剩余产品,大量口小底
大、修筑规整的储物窖穴和成套酒器的出土就
是明证。正是在此基础上,制石、制骨、制玉、制
陶的专业工匠均已出现,阶级分化相当明显,文
明的曙光已经展现在人们面前了。

与前仰韶文化、仰韶文化、龙山文化相对应
的,黄河上游地区有大地湾文化、马家窑文化和
齐家文化,黄河下游地区有北辛文化、大汶口文
化和山东龙山文化,它们是彼此联系而又各具
独立性的粟作定居农业文化。

长城以北的东北、内蒙古、新疆等地,亦发
现了多处新石器时代农耕遗址。在另一些遗址
中,渔猎在相当长时期内仍占重要地位。

前仰韶文化虽然是黄河流域已知最早的农
业文化,但这里的农业绝不是刚刚发生的。从我
国和世界上近世尚处于原始农业阶段的民族的
情况看,农业发生之初一般经历过刀耕农业阶
段。这时人们往往选择山林为耕地,把树木砍
倒、晒干后烧掉,不经翻土直接播种。这种耕地
只种一年就要抛荒,因此年年要另觅新地重新

砍烧。这叫生荒耕作制。这一时期的农具只有砍伐林木用的刀、斧和挖眼点种用的尖头木棒，人们仍然过着迁徙不定的生活。我国古史传说中有所谓烈山氏，据说他的儿子名"柱"，"能殖百谷百蔬"，夏以前被祀为农神——"稷〔jì 寄〕"。所谓"烈山"，就是放火烧荒，所谓"柱"就是挖眼点种用的尖头木棒，它们正代表了刀耕农业中两种相互连接的主要作业，不过在传说中被拟人化了。这是我国远古确曾经历过刀耕农业阶段所留下的史影。原始农业继续发展，人们制造了锄、铲一类翻土工具，懂得在播种前把土壤翻松，这样，一块林地砍烧后可以连续种几年再抛荒，这叫熟荒耕作制。这时生产技术的重点逐渐由林木砍烧转移到土地加工上，人们也由迁徙不定状态过渡到相对定居。这就是锄耕农业阶段。前仰韶文化显然已进入锄耕农业阶段。因此，黄河流域农业的起始，还应往前追溯一段相当长的时间。

以前人们往往把黄河流域看作我国上古农业文化的唯一中心，认为长江流域及其南境的农业是由黄河流域传播过去的。考古发现已经根本否定了这种观点。长江流域是我国农业起源的另一个中心，不但起源很早，而且有着与黄河流域显著不同的面貌。在长江下游，距今将近7000年的浙江余姚河姆渡遗址和桐乡罗家角遗址出土了丰富的栽培稻遗存。如河姆渡遗址第四文化层有几十厘米厚的大面积的稻谷、稻草和稻壳的堆积物，估计折合原有稻谷24万斤。人们用牛肩胛骨做成大量骨耜，估计是用来开沟或翻土的，这说明当地水田农业已进入熟荒耕作的锄（耜）耕农业阶段。饲养的家畜除北方也有的猪、狗外，还有北方罕见的水牛。采集渔猎仍较发达，人们能够驾着独木舟到较远的水面去捕鱼，采集物中有菱角等水生植物，反映了水乡的特色。住房也和北方地穴、半地穴式建筑不同，是一种居住面悬空的干栏式建筑。70年代河姆渡遗址上述发现曾使国内和国际考古界为之震动，它说明长江流域和黄河流域一样，都是中华农业文化的摇篮。继河姆渡文化以后，经过马家浜文化进入良渚文化（距今5000年前后），长江下游的水田农业更为发达，人们使用石犁耕作，农作物种类更多，又懂得利用苎麻和蚕丝织布。作为礼器的精致的玉制品的出现和明显的阶级分化迹象，则标志着文明时代的破晓。

　　在长江中游的湖北、湖南、四川等省,也有发达的稻作农业。80 年代末,在距今 9000 年的湖南澧县彭头山遗址中发现了包含在陶片和红烧土中的碳化稻谷,是人们在制陶和砌墙时羼〔chàn 颤〕入稻壳,因而被保存下来的。这是迄今中国和世界上最早的稻作遗存之一。相似的农业遗址在洞庭湖西北的湖南澧水流域和湖北西部三峡口附近已发现多处,表明这一地区的原始居民早在距今八九千年的新石器时代早期已从事原始稻作。最近在湖南道县王蟾岩遗址,又发现了距今 10000 年的栽培稻,这些为探索我国稻作的起源提供了最新的资料。

　　在包括两广、福建、江西的南方地区,新石器时代早期遗址往往发现于洞穴之中,那里的居民仍以采猎为主要谋生手段,但有些地方农业可能已经发生。如广西桂林甑〔zèng 赠〕皮岩遗址早期文化层距今已有 9000 年以上,出土了国内外已知最早的家猪遗骨,还有粗制的陶片,这些应与定居农业有关;该遗址出土的磨光石斧、石锛〔bēn 奔〕和短柱形石杵,则可能是早期农业工具。在山西万年县仙人洞和吊桶岩遗址,也发现了距今 10000 年的栽培稻遗存。在以后的发展中,部分原始居民在岗地和谷地建立了村落,从事稻作农业,另一些原始居民则在濒临河湖地区以捕捞为生,同时经营农业。此外,云南、贵州、西藏和台湾都发现了距今 4000 年上下以至更早的农业遗址。

＊　　　　＊　　　　＊

从世界范围看,农业起源中心主要有三个:西南亚、中南美洲和东亚。东亚起源中心主要就是中国。中国原始农业具有与世界其他地区明显不同的特点。在种植业方面,中国以北方的粟黍和南方的水稻为主,不同于西亚以种植小麦大麦为主,也不同于中南美洲以种植马铃薯、倭瓜和玉米为主。在畜养业方面,中国最早饲养的家畜是狗、猪、鸡和水牛,猪一直是主要家畜。中国也是世界上最早养蚕缫丝的国家,不同于西亚很早就以饲养绵羊和山羊为主,更不同于中南美洲仅知道饲养羊驼。中国的原始农具,如翻土用的手足并用的耒耜,收获用的掐割谷穗的石刀(图 1),都表现了不同于其他地区的特色。我国距今七八千年已有相当发达的原始农业,农业起源可追溯到距今一万年左右,亦堪与西

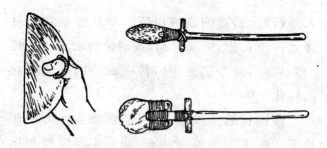

图 1 耒耜和石刀(原始社会)

亚相伯仲。总之,中国无疑是独立发展、自成体系的世界农业起源中心之一。

2 悠悠千古话沟洫——虞、夏、 商、西周、春秋农业

农业可以划分为原始农业、传统农业和现代农业等不同历史形态,它们是依次演进的。使用木石农具,砍伐农具占重要地位,刀耕火种,摆〔liáo 料〕荒耕作制,是原始农业生产工具和生产技术的主要特点,它基本上是与考古学上的新石器时代相始终的。传统农业以使用畜力牵引或人工操作的金属农具为标志,生产技术建立在直观经验基础上,而以铁犁牛耕为其典型形态。我国在公元前 2000 多年前的虞夏之际进

入阶级社会,黄河流域也就逐步从原始农业过渡到传统农业。从那时起,我国传统农业一直延续到近代,至今仍处于由传统农业向现代农业的转化之中。

在漫长的传统农业时代,农业生产力并非处于一成不变的停滞状态,而是不断发展变化的。根据传统农业生产力发展的不同状况,我国原始农业以后的传统农业时代可以划分为从虞夏到春秋、从战国到南北朝、从隋到元和明清等四个发展阶段。

虞、夏、商、西周、春秋是第一阶段,这是从原始农业向传统农业过渡的时期,也是精耕细作农业体系萌芽的时期。这一时期我国政治经济重心在黄河流域,而黄河流域的农业是以沟洫农业为其主要标志的。淮河秦岭以北的黄河流域属暖温带干凉气候类型,年雨量400—750毫米,虽不算充裕,但集中于高温的夏秋之际,有利于作物生长。不过降雨量受季风进退的严重影响,年变率很大,黄河又容易泛滥,因此经常是冬春苦旱,夏秋患涝,尤以干旱为农业生产的主要威胁。黄河流域绝大部分地区覆盖着原生的或次生的黄土,平原开阔,土层深厚,疏松

肥沃,林木较稀,极便原始条件下的垦耕。这种
自然条件,使黄河流域最早得到大规模开发,在
相当长时期内是全国经济政治重心所在,同时
也决定这里的农业是从种植粟黍等耐旱作物开
始的,防旱保墒〔shāng 伤〕(指土壤适合种子发
芽和作物生长的湿度)一直是农业技术的中心,
即属于旱地农业的类型。

(1) 耒耜与青铜农具

从虞、夏到春秋,我国农业仍保留了从原始
农业脱胎而来的明显印痕,木质耒耜的广泛使
用就是突出表现之一。

如前所述,耒耜起源于传说中的神农氏时
代。所谓耒,最初是在点种用的尖头木棒下安装
一根踏脚横木而成;后来又出现了双尖耒。如果
尖头改成平刃,或安上石、骨、蚌质的刃片,就成
了耜。史前考古发现的"石铲"、"骨铲",很多实
际上就是不同质料的耜冠。我国的锄耕农业是
以使用耒耜为特色的。因为这种手推足蹠〔zhí
职〕直插式翻土工具,很适合在土层深厚疏松、
呈垂直柱状节理的黄土地区使用。早在原始锄
耕农业阶段,我国先民就在黄河流域用耒耜垦

辟了相当规模的农田。如上述磁山遗址存粮斤数以十万计，没有千亩以上农田在当时是不可能做到的。仰韶文化、龙山文化农田面积应当更大。这已不是在居住地附近小打小闹的园篱农业，而属于田野农业了。这就是说，我国是在使用耒耜的条件下发展了田野农业，并由此奠定了进入文明时代的物质基础。埃及、希腊等国文明时代破晓之时已经使用铜犁或铁犁了，而我国先民却是带着耒耜进入文明时代的。

虞、夏至春秋是我国考古学上的青铜时代。青铜是铜和锡的合金，用它制造工具，比木石工具坚硬、锋利、轻巧，这是生产力发展史上的一次革命。这一时期，主要手工工具和武器都是用青铜制作的，在农业生产领域，青铜也获得日益广泛的应用。商代遗址中已有铸造青铜镢〔jué觉〕的作坊，并出土了镢范，表明青铜镢已批量生产。镢类似镐，是一种横斫〔zhuó浊〕式的翻土农具，用于开垦荒地，挖除根株。这大概是青铜占领的第一个农事领域。周人重中耕，中耕农具也是青铜制作的。《诗经》中记载中耕用的"钱"〔jiǎn剪〕和"镈〔bó博〕（图2），即青铜铲和青铜锄。由于它们使用日益广泛，为人们所普遍需要和乐于接受,在交换中被当作等价物,以致演变为我国最早的金属铸币。我国后世的铜币,虽然形制已经变化,但仍沿袭"钱"这一名称,影响至于今日。青铜镰出现也很早,还有一种由石刀演变而来,用于掐割谷穗的青铜爪镰,这就是《诗经》中提到的"艾"和"铚"〔zhì 至〕。

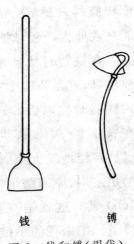

钱　　　　镈

图 2　钱和镈(周代)

不过当时石镰、石刀、蚌镰等仍大量使用,而且延续时间颇长。至于翻土、播种、挖沟,主要仍然使用耒耜。周代耒耜已有安上青铜刃套的,但数量不多,耒耜基本上是木质的,在反映周代手工业生产情况的《考工记》中,青铜农具(被称为"镈器")生产由"段氏"掌管,木质耒耜制作则由"车人"掌管。在殷周时代,木质耒耜的使用甚至比前代有所增加。这是因为在已经使用青铜斧锛等工具的条件下,可以生产出比以前更多更好的木质耒耜来。总之,青铜工具已日益在农业生产中占居主导地位,但由于青铜在坚硬程度和原料来源等方面均不如铁，它没有也不可能在农业生产领域把木石农具完全排斥掉。

在铁器时代到来以前，耒耜一直是我国主要耕具，这是我国上古农业史的重要特点。在进入铁器时代以后，耒耜仍以变化了的形式继续在农业生产中发挥重要作用。铁器时代的耒耜已被广泛地安上金属刃套，刃部加宽，器肩能供踏足之用，原来踏足横木取消，耒耜就发展为锸〔chā 叉〕，这就是直到现在还在使用的铁锹的雏型。把耒耜的手推足蹠上下运动的启土方式改变为前曳后推水平运动的启土方式，耒耜就逐步发展为犁。由于犁是从耒耜发展而来的，在相当长时期内还沿袭着旧名。如唐代陆龟蒙的《耒耜经》，实际上就是讲耕犁的。

（2）以沟洫为标志的农业体系

先秦时代有一本叫《周礼》的书，里面记载了完整的农田沟洫〔xù 序〕系统。沟洫是从田间小沟——畎〔quǎn 犬〕开始，以下依次叫遂、沟、洫、浍〔kuài 快〕，纵横交错，逐级加宽加深，最后通于河川。与沟洫系统相配合的有相应的道路系统。沟洫和道路把田野划分为一块块面积百亩的方田,用来分配给农民作份地,这就是"井田制"。这种制度,战国以后已不复存在。由于地主土地私有制下土地兼并的发展,使得富者田连阡陌,贫者无立锥之地,在这种情况下,人们眷念、向往以至企图恢复这种人人有田耕,家家不忧贫的沟洫井田制,但都没有成功。近世学者对与井田制相联系的沟洫制度议论纷纷,见仁见智。一些人认定《周礼》所记农田沟洫是灌溉渠系,是后人编造的乌托邦,认为战国以前根本不可能建造这样完备的农田灌溉渠系。晚近的研究证明,《周礼》所设计的农田沟洫体系是用于排水的,根本不同于战国以后的农田灌溉渠系。因为用于灌溉的渠系,应从引水源开始,由高而低,把水引到田面。《周礼》所载恰恰相反,由田间小沟开始,由浅到深,由窄到宽,而汇于河川。因此,它虽然经过编者的理想化和整齐化,但毫无疑问是以上古时代确实存在过的沟洫制度为原型的。

我国上古时期为什么会产生沟洫制,这要从当时黄河流域的农业环境及其变化来考察。

黄河流域土壤肥沃疏松,平原开阔,对农业生产发展十分有利,但雨量偏少,分布不均,对农业生产又很不利。从古史传说和民族学例证看,我国原始农业很可能是从利用山地或山前林地开始,实行刀耕火种的。黄河流域原始农业遗址一般发现在黄河支流两岸的台地上,这表明当时的农业与黄河泛滥无关,人们并不懂得灌溉。从原始社会末期开始,黄河流域居民逐步向比较低平的地区发展农业。这些地区土壤比较湿润,可以缓解干旱的威胁,但却面临一系列新的问题。黄河流域降雨集中,河流经常泛滥,平原坡降小,排水不畅,尤其是黄河中下游平原由浅海淤成,沼泽沮洳〔jùrù 剧入〕多,地下水位高,内涝盐碱相当严重。要发展低地农业,首先要排水洗碱,农田沟洫体系正是适应这种要求而出现的。相传夏禹治水的主要工作之一就是修建农田沟洫,把田间积水排到川泽中去,在此基础上恢复和发展低地农业。商周时期也很重视这一工作,当时常常"疆理"土地,即划分井田疆界,它包含了修建农田沟洫体系的内容,每年还要进行检查维修。我国上古农田称作"畎亩",也是农田沟洫普遍存在的反映。"畎"(田间小沟)是沟洫系统的基础,修畎时挖出的土堆在田面上形成一条条长垄,就叫作"亩",庄稼就种在亩上。"畎亩"是当时农田的基本形式,故成为农田代称。这是一种垄作形式的旱地农业,而不是灌溉农业。

农田沟洫不是孤立存在的,它是当时农业技术体系的核心和基础。例如,我国古代很重视中耕(包括作物生长期间在行间间苗、除草、松土和培壅〔yōng 拥〕等工作),外国人有称我国农业为"中耕农业"的。中耕,甲骨文中已有反映,周代记载更多,周王每年要在籍田中举行"耨(除草)礼",还出现了专用的中耕农具"钱"和"镈"。中耕是以条播为前提的①。根据《诗经》记载,条播可追溯到周族始祖"弃"生活的虞夏之际。而中耕和条播都是以农田的畎亩结构为基础的。因为作物种在"亩"(长垄)上,为条播和中耕创造了必要的条件。人们花了那么大的力气修建了农田沟洫,自然不会轻易抛荒,这就促进了休闲制②代替撂荒制。《周礼》中有"一易之田"和"再易之田",即种一年休一年和种一年

---

① 西欧中世纪农业实行撒播,因而其农田是不中耕的。
② 休闲制是对耕地实行有计划的轮种轮歇。在轮歇期间,对休闲田采取某种措施(如除草、沤肥或耕作),以加速地力的恢复,因而耕地的利用率比撂荒制高。

休两年的田。《诗经》等文献中有"菑〔zī 资〕"、"新"、"畲"〔yú 余〕的农田名称,菑是休闲田,新和畲分别是开种第一年和第二年的田;三年一循环,类似于西欧中世纪的三田制。

耦耕是我国上古普遍实行的农业劳动方式,是以两人为一组实行简单的协作,其起源亦与农田沟洫制度有关。当时的主要耕具,无论是尖锥式的耒,还是刃部较窄的平刃式的耜,由于手足并用,入土较易,但要单独翻起较大土块却有困难。解决的办法是两人以上多耜(耒)并耕。不过在挖掘沟畎时,人多了又相互挤碰,而两人合作最合适,由此形成耦耕的习惯,又与农村公社原始互助习俗相结合而固定化,逐步推广到其他各种农活儿中去。

可以说,从虞夏到春秋,我国黄河流域农业体系是以沟洫制为主要标志的,我们称之为沟洫农业。在沟洫农业的形式下,耕地整治、土壤改良、作物布局、良种选育、农时掌握、除虫除草等技术都有初步发展,精耕细作技术已经萌芽于其中了。

沟洫制产生于原始社会末期,约相当于传说中的黄帝时代。那时,私有制已经产生,但是

兴修农田沟洫系统不是分散的个体家庭所能为
的,它要依靠集体力量进行,保持和加强土地公
有制因之成为必要。这就使以土地公有私耕为
根本特征的农村公社得以产生并在阶级社会中
延续下去。所谓井田制就是农村公社及其变体。
井田制和沟洫制是互为表里的。耒耜、沟洫、井
田三位一体,是我国上古农业的重要特点,也是
我国上古文明的重要特点。

(3) 五谷、六畜及其他

　　虞、夏、商、西周、春秋时期黄河流域农业以
种植业为主体,在种植业中又以谷物生产为中
心,畜牧业也相当发达,与定居农业相联系的蚕
桑生产获得发展,渔猎采集在经济生活中仍占
一定地位。

　　在农业发生之初,人们广泛进行栽培试验,
往往多种作物混种在一起,故有“百谷百蔬”之
称。以后,逐步淘汰了产量较低、品质较劣的作
物,相对集中地种植若干种产量较高、质量较优
的作物,于是形成了“五谷”、“九谷”等概念。“五
谷”一称,始见于春秋末年;它的所指,汉人已有
不同解释,反映不同地区不同时代的差别,但大

同而小异。把文献记载和考古发现相对照可以看到,我国先秦时代主要粮食作物是粟(亦称稷)、黍、大豆(古称菽〔shū 书〕)、小麦、大麦、水稻和大麻(古称麻)。以后历朝的粮食种类和构成是在这一基础上发展变化的。

从原始时代到商周,粟黍是黄河流域、从而也是全国最主要的粮食作物。它们是华夏族先民从当地的狗尾草和野生黍驯化而来的。它们抗旱力强,生长期短,播种适期长,耐高温,对黄河流域春旱多风、夏热冬寒的自然条件有天然的适应性,它们被当地居民首先种植不是偶然的。上述特点黍更为突出,最适合作新开荒地的先锋作物,又是酿酒的好原料。在甲骨文和《诗经》中,黍出现次数很多。春秋战国后,生荒地减少,黍在粮食作物中的地位下降,但仍然是北部、西部地区居民的主要植物性粮食。粟,俗称谷子,脱了壳的叫小米。粟中黏的叫秫〔shú 熟〕,可以酿酒。粱是粟中品质好的,贵族富豪食用的高级粮食。粟营养价值高,有坚硬外壳,防虫防潮,可储藏几十年而不坏。唐代大诗人李白说:"家有数斗玉,不如一盘粟。"从原始农业时代中期起,粟就居于粮作的首位,北方人民最大众化

的粮食。粟的别名稷,用以称呼农神和农官,而
"社(土地神)稷"则成为国家的代称。粟的这种
地位延续至唐代。

水稻是南方百越族系先民首先从野生稻驯
化的,长期是南方人民主粮,原始社会晚期扩展
到黄河、渭水南岸及稍北。相传大禹治水后,曾
有组织地在卑湿地区推广种稻。

我国是世界公认的栽培大豆的起源地,现
今世界各地的栽培大豆,都是直接或间接从我
国引进的,这些国家对大豆的称呼,几乎都保留
了我国大豆古名"菽"的语音。根据《诗经》等文
献记载,我国中原地区原始社会晚期已种大豆,
而已知最早的栽培大豆遗存,发现于吉林永吉
县距今 2500 年的大海猛遗址。大豆含丰富的蛋
白质、脂肪、维生素和矿物质,被誉为"植物肉",
对肉食较少的农区人民的健康有重大意义。大
豆根部有能固氮肥地的根瘤,古人对此早有认
识,金文中的"未"(菽的初文)作"未"形,是大豆
植株形象,一横表示地面,其上是生长着的豆
苗,其下是长满根瘤的根。反映我们的祖先的观
察是多么细致和敏锐。

小麦、大麦原产于西亚,对中原来说都是引

进作物。我国古代禾谷类作物都从禾旁,唯麦从来旁。来字在甲骨文中作"來",正是小麦植株的形象,麦穗直挺有芒,加一横似强调其芒。小麦最早就叫"来",因系引进,故甲骨文中的"来"字已取得表示"行来"的意义;于是在"来"字下加足(夌)作为小麦名称,形成现在的"麦"字。小麦很可能是通过新疆河湟这一途径传入中原的(西部民族种麦早于中原)。在新疆孔雀河畔的古墓沟遗址,发现了距今 3800 年的小麦遗存。近年甘肃民乐东灰山出土距今 5000 余年的麦作遗存。有关文献表明,西方羌族有种麦食麦的传统。周族在其先祖后稷时已种麦,可能出自羌人的传授。但小麦传进中原后却在东部地区发展较快。

大麻原产我国华北,目前黄河流域已出土原始社会晚期的大麻籽和大麻布。"麻"字始见于金文。《诗经》等古籍中有不少关于"麻"的记载,并区分其雌雄植株(附带指出,这种对植物性别的认识,在世界上是最早的):雌麻称苴〔jū 居〕,其子称蕡〔fén 坟〕,可供食用,列于"五谷";雄麻称枲〔xǐ 喜〕,其表皮充当衣着原料。

我国种植蔬菜至少始于仰韶文化时代,甘

肃秦安大地湾遗址出土了油菜(古称芸或芸苔)
种籽,陕西西安半坡遗址出土了十字花科芸苔
属蔬菜种籽,郑州大河村遗址出土了莲子,浙江
河姆渡遗址则出土了葫芦籽。《诗经》记载的蔬
菜种类不少,可确定为人工栽培的有韭、瓜(甜
瓜)和瓠〔hù 互〕(葫芦)。稍后见于记载的有葵
(冬苋菜)、笋(竹笋)、蒜和分别从北方和南方民
族传入的葱和姜。

作为谷物的补充的蔬菜和果树,最初或者
和谷物混种在一起,或者种于大田疆畔、住宅四
旁。商周时代,逐渐出现了不同于大田的园圃。
它的形成有两条途径:其一是从囿分化出来。上
古,人们把一定范围的土地圈围起来,保护和繁
殖其中的草木鸟兽,这就是囿,有点类似现在的
自然保护区。在囿中的一定地段,可能种有某些
蔬菜和果树。最初是为了保护草木鸟兽,而后逐
渐发展为专门种植。其二是从大田中分化出来。
如西周有些耕地春夏种蔬菜,秋收后修筑坚实
作晒场。春秋时代形成独立的园圃业,这时园圃
经营的内容与后世园艺业相仿,种蔬菜和果树,
也往往种一些经济林木。

商周时以粮食生产为中心的种植业相当发

达。甲骨文中有仓字和廩字,商人嗜酒成癖,周人认为这是他们亡国的重要原因,可见有相当数量剩余粮食可供其挥霍。《诗经》中有不少农业丰收的描述,贵族领主们在公田上收获的粮食堆积如山,"乃求千斯仓,乃求万斯箱"。不过,在当时木石农具与青铜农具并用的条件下,耕地的垦辟、种植业的发展毕竟有很大的局限性。当时的耕地主要集中在各自孤立的都邑的周围,稍远一点的地方就是荒野,可以充当牧场,所以畜牧业大有发展地盘。而未经垦辟的山林川泽还很多,从而形成这一时期特有的生产部门——虞衡。

在我国,与"五谷"相对应的有"六畜",为人们所乐道。这个词也是春秋人先说出来的。"六畜"的含义比较明确,指马、牛、羊、猪、狗、鸡。这里的"畜",犹言家养。这是就黄河流域情形概括的。它们在我国新石器时代均已出现,在商代甲骨文中,表示六畜的字已经齐全。据近人研究,六畜的野生祖先绝大多数在我国本土可以找到,说明它们是我国先民独立驯化的。我国是世界上最早养猪的国家。在新石器时代遗址出土的家畜遗骨中,猪占绝对优势。从那时起,猪一

直是我国农区的主要家畜；这是和定居农业相
适应的。在农区，不论地主农民，几乎家家养猪。
汉字的"家"从"宀"从"豕"，豕即猪。羊也是中原
农区重要肉畜。而原来居住在青海甘肃一带的
羌人，很早就形成以羊为主的畜牧经济，因而被
称为"西戎牧羊人"。人类饲养马和牛起初也是
为了吃肉。中原地区牛马转为役用传说在黄帝
时代，"服牛乘马，引重致远"。这里的"乘"不是
骑，而是驾车。我国大概是最早用马驾车的国
家。商周时打仗、行猎、出游都用马车。狗是人类
最早饲养的家畜，最初是作为人类狩猎的助手。
进入农业社会以后，狗除继续用于狩猎和守卫
以外，也是人类肉食来源之一。鸡是我国人民最
早饲养的家禽。以前人们认为家鸡起源于印度，
但磁山遗址出土的家鸡遗骨比印度早得多，家
鸡的野生祖先原鸡在我国广泛分布，我国无疑
是世界上最早养鸡的国家。养鸡最初可能是为
了报晓。磁山遗址家鸡多为雄性，甲骨文中的鸡
字是雄鸡打鸣时头颈部的特写（𨿳）。但鸡很快
成为常用的供食用的家禽。农民养鸡甚至比养
猪更普遍。鸭和鹅是从野鸭（古称凫〔fú 服〕）和
雁驯化而来的，又称舒凫和舒雁，我国人工饲养

的时间不晚于商周。鸡鸭鹅合称三鸟,是我国人民肉蛋主要来源之一。

商周畜牧业很发达。商人祭祀鬼神用牲,少者数头,多者动辄上百上千。周人牧群数量也相当可观。进入春秋后,畜牧业继续在发展,尤其是各国竞相养马,兵车数量迅速增加。

我国是世界上最早养蚕缫丝的国家,而且在很长时间内是唯一这样的国家。世界上许多国家最初的蚕种和养蚕技术,都是由中国传去的。野蚕本是桑树的害虫。原始人大概是在采食野蚕蛹过程中发现蚕丝是优质纤维,逐渐从采集利用到人工饲养,把野蚕驯化为家蚕。在这前后又开始了桑树的人工栽培。据古史传说,我国养蚕始于黄帝时代,据说黄帝元妃嫘〔léi 雷〕祖教民养蚕,这当然只能理解为原始人群集体创造的一个缩影。距今5000年左右的河北正定南阳庄遗址出土了仿家蚕蛹的陶蚕蛹,距今4700年的浙江吴兴钱山漾遗址则出土了一批相当精致的丝织品——绢片、丝带和丝线。从目前研究看,家蚕驯化很可能是距今5000年前黄河流域、长江流域等若干地区的原始居民同时或先后完成的。从《诗经》、《左传》等文献看,先秦时代蚕桑生产已遍及黄河中下游。人们不但在宅旁、园圃栽桑,而且栽种成片的桑田和桑林。丝织品种类也很多。在棉花传到长江流域和黄河流域以前,蚕桑是我国最重要衣着原料,蚕丝织物是农牧区经济交流和对外贸易的重要物资。蚕桑成为我国古代农业中仅次于谷物种植业的重要生产项目。

虞、夏、商、西周时代,渔猎采集并没有从农业经济领域消失。甲骨文中有关田猎的卜辞和刻辞记事约占全部甲骨文的 1/4。商代的田猎具有开发土地、垦辟农田、保护庄稼、补充部分生活资料和军事训练等多方面作用。当时还有许多"草木畅茂、禽兽逼人"的未开发区,在这些地区开发耕地最简单易行的方法是"焚林而田"①,这样就把田猎和农业统一起来了。周代,未经垦辟的山林川泽蕴藏的丰富的野生动植物资源,仍然是人们生活资料与生产资料不可缺少的来源之一,不过取得这些资料的方式已经区别于原始农业时代掠夺式的采集和狩猎了。周代规定了若干保护山林川泽自然资源的禁

① "田"指田猎,但焚后的林野亦可供垦种。

令,如只准在一定时期内在山林川泽樵采渔猎,禁止在野生动植物孕育萌发和幼小时采猎,禁止竭泽而渔、焚林而狩,等等。甚至还设官管理,负责向利用山林川泽的老百姓收税,或组织奴隶仆役生产。这种官吏,称为虞或衡;而以对山林川泽自然资源的保护利用为内容和特点的生产活动,也称为虞衡。

以上我们主要介绍了本时期黄河流域农业生产概况。至于这一时期南方(长江、淮河以南)和北方(长城以北)的农业生产概况,将在以后有关章节中予以介绍。

3 铁器牛耕谱新章——战国、秦汉、魏晋南北朝农业

我国传统农业发展的第二阶段包括战国、秦汉、魏晋南北朝,这是黄河流域农业生产全面大发展时期,也是北方旱农精耕细作技术体系形成和成熟时期。西汉平帝时,登记在册的全国人口 5900 多万,百分之八九十集中在黄河流域,黄河流域已基本上获得开发,是当时全国最先进的地区。我们的介绍仍以黄河流域情况为

中心。

（1）生产力的跃进

黄河流域农业生产力的跃进是从铁器的使用开始的。中国什么时候正式进入铁器时代尚难确言，大约是西周晚期至春秋中期这一段时间。从世界史看，这并不算早，但我国冶铁技术发展很快。西欧从公元前 10 世纪出现块炼铁到公元 14 世纪使用铸铁，经历了 2000 多年时间，而从目前材料看，我国块炼铁和铸铁几乎是同时出现的。到春秋战国之际，我国已掌握生产可锻铸铁（又称韧性铸铁）和块炼渗碳钢的技术，比欧美同类发明领先 2000 年。铸铁，尤其是增强了强度和韧性的可锻铸铁的出现，有着十分重大的意义，它使生铁广泛用作生产工具成为可能，大大增强了铁器的使用寿命。我国用铁铸农器大体始于春秋中期或稍前，到了战国中期，铁农具已在黄河中下游普及开来。人们把使用铁农具耕作看得如同用瓦锅做饭一样的普通。从青铜器出现以来金属耕具代替木石耕具的过程终于完成了（图 3）。铁器的使用，使农业劳动生产率大大提高，农业劳动者的个体独立性大

大加强,两人协作的耦耕不再必要,井田制由此
逐步崩坏,封建地主制由此逐步形成,而这一制
度由战国延续至近世。

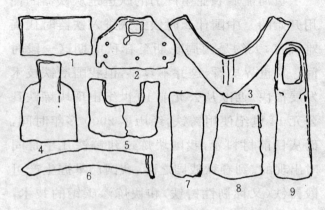

1、2　锄;3　V 字形犁;4、5　锸;6　镰;7、8、9　钁

图 3　战国铁农具

牛耕的出现可能比铁器早,但它的普及却
比铁器晚。根据甲骨文中"犁"(、)字的形
象,有人推断商代已有牛耕。但即使当时牛耕已
出现,犁具一定很原始,根本不可能替代耒耜作
为主要耕具的地位。春秋时已有牛耕的明确记
载,有人还用牛与耕、犁等字相联系起名命字。
不过,直到战国时代,牛耕并不普遍。在目前出
土该时代的大量铁器中,铁犁为数甚少,而且形

制原始，呈 120°的 V
字形，没有犁壁，只能
破土划沟，不能翻土作
垄。大型铁铧的大批出
土是在西汉中期以后。
当时搜粟都尉赵过在
总结群众经验基础上
推广带有犁壁[①]的大型
铁铧犁，这种犁要用两
头牛牵引，三个人驾
驭，被称为耦犁[②]（图

图 4 耦犁

4）。从此，铁犁牛耕才在黄河流域普及开来，并
逐步推向全国。

从两汉到南北朝，除耕犁继续获得改进外，

---

① 犁壁是安装在犁铧后端上方的一个部件，略呈长方形，
并带一定弧度，形似犁铧上的耳朵，故古代也称犁耳。有了这个
部件，犁铧所启土垡就被它按一定的方向翻倒，从而达到翻土、
灭垡、作垄的目的。

② 所谓"耦犁"，即俗称的"二牛抬杠"。汉犁是一种长辕犁，
开始又没有调节耕深的装置，所以要采用"二牛抬杠"的操作方
式，即用一条长木杠搭在两头牛的肩部（即肩轭〔ě扼〕，古称
衡），杠的中部与犁辕前端连结，一人在前面牵牛，一人在后面
扶犁，再一人在中间压辕，以调节深浅。这种"三人二牛"的耦犁
法，在近代云南一些少数民族中仍能找到。

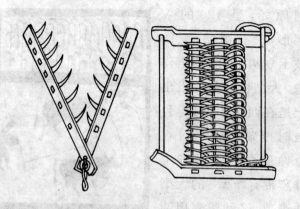

图 5　北方旱地使用的耙和耱

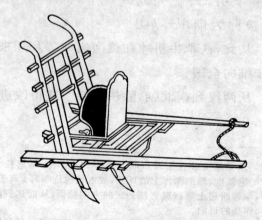

图 6　耧车复原图（西汉）

还出现与之配套的耱（〔mò 末〕，或称耢〔lào
涝〕)和耙（图 5）。耱最初只是一块长板条,继之

在木架上缠以软木条而成,畜力牵引,用以碎土
和平整,代替以前人工操作的木榔头——耰
〔yōu 忧〕。对付较大的坷垃则要用畜力耙。北
方旱地使用的畜力耙是由两条带铁齿的木板相
交组成的人字耙,又称铁齿镭〔lòu 漏〕镂。西汉
还出现专用播种机具耧犁(耧车)(图 6),相传
发明者是赵过。它的上方有一盛种用的方形木
斗,下与三条中空而装有铁耧脚的木腿相连通。
操作时耧脚破土开沟,种子随即通过木腿播进
沟里,一人一牛,“日种一顷”,功效提高十几倍。
这已是近代条播机的雏形,而西欧条播机的出
现在 1700 年以后。汉代农具的另一重大发明
是“飏〔yáng 扬〕扇”,即风车。摇动风车中的叶
形风扇,形成定向气流,利用它可以把比重不同
的籽粒(重则沉)和秕壳(轻则飏)分开,是一种
巧妙的创造,比欧洲领先 1400 多年。谷物加工
工具也有长足进步。东汉桓谭对此曾作过这样
的总结:“宓戏(即庖牺氏)制杵臼,万民以济,及
后世加巧,因延力借身,重以践碓,而利十倍。
杵臼又复设机关,用驴赢(骡)牛马,及役水而
舂,其利乃百倍。”(《新语》)杵臼是最原始的谷
物加工方法之一,可能起源于采猎时代,而延续

至农业时代。当时人们在地上挖浅坑，铺以兽皮，置采集的谷物于其中，用木棍舂捣，即所谓"断木为杵，掘地为臼"。我国一些少数民族近世仍有类似谷物加工法。后来用石臼代替地臼，然后又利用杠杆原理改手舂为脚踏，即桓谭所说的践碓（脚碓）（图 7）。到了东汉已出现畜力碓和水碓了。晋代杜预对水碓作了改进，称为连机碓。王祯《农书》形容这种水碓是："水轮翻转无朝暮，舂杵低昂间后先。"谷物加工工具的另一重大创造是石转磨。到魏晋南北朝则出现了畜力连磨和水力碾磨。这一时期还出现了新式提水灌溉农具翻车，为了叙述方便，将在下一节予以介绍。

总之，从战国到南北朝，尤其是两汉是我国农具发展的黄金时代，传统农具的许多重大发明创造，都出现于这一时期。

战国以来我国农业生产力大发展的另一个标志是大规模农田灌溉水利工程的兴建。春秋战国以前，农田灌溉在黄河流域虽已零星出现，但农田水利的重点始终在防洪排涝的沟洫工程上。进入战国，由于农田内涝积水的状况在长期耕作过程中有了较大改变，耕地也因铁器牛耕

图 7　杵臼和水碓

的推广扩展到更大的范围,干旱再度成为农业生产中的主要矛盾。这就产生了发展农田灌溉的迫切需要。同时,铁器的使用和工具的改进又为大规模农田水利建设提供了物质基础。铁耒成为最常用的兴修水利的工具,汉代还出现用于水利工程中挖沟的特大铁犁——浚犁。黄河流域大型农田灌溉渠系工程是从战国时开始出现的。最著名的是魏国西门豹和史起在河内(今河南北部及河北西南隅)相继兴建和改进的漳水十二渠,韩国水工郑国在秦国关中平原北部建造的郑国渠。它们都使数以万顷计的"斥卤"(盐碱地)变成亩产一钟(六石四斗)的良田,后者还直接奠定了秦灭六国的基础。秦汉统一后,尤其是汉武帝时代,掀起了农田水利建设的新高潮,京城所在的关中地区尤为重点,使关中成为当时全国的首富之区。汉代还在河套地区、河西走廊和新疆等屯田地区发展大规模水利事业。曹魏时,海河流域和淮河流域水利开发有较大的进展。总之,我国华北地区农田水利的基础,汉魏时代已经奠定了,它对黄河流域农业发展起了很大促进作用。随着农田灌溉的发生发展,出现了新的农田形式——畦〔qí齐〕。畦是周围有高出田面的田塍①〔chéng 承〕的田区。这种农田形式在种植蔬菜而经常需要灌溉的园圃中最先被采用,后来推广于大田。随着牛耕的普及,平翻低畦农田终于取代了畎亩结构的农田,成为黄河流域主要的农田形式。这种农田形式是便于灌溉的。不过,由于华北水资源的限制,能灌溉的农田只是一小部分,旱作仍然是华北农业的主体。当地防旱保墒问题,很大程度上是靠土壤耕作措施来解决的。

在这里我们要顺便指出,国外一些别有用心的学者,歪曲马克思关于"古代东方"的学说,把中国说成是由国家组织统一的水利灌溉工程的所谓"治水社会",而"治水社会"是导致东方专制主义的根源。这是不符合历史事实的。的确,水利对中国农业和社会发展有着重要意义。中国的文明时代,可以说是从大禹治水开始的,历代政府都把兴修水利作为自己重要的经济职能。不过,中国古代农业既不同于欧洲中世纪完全依赖天然降雨,也不同于马克思说的"古代东方"(主要指从北非到印度的广大地区)完全依

---

① 田间的土埂子。

赖人工灌溉。中国历史上并不存在政府领导修建的遍及全国的灌溉渠系。我国各地区各民族人民是在很不相同的条件下解决农业生产中水的问题的。直到本世纪的 80 年代中期,旱地仍占全国耕地面积的一半以上。限于本书的篇幅和丛书的分工,在这里不可能对中国古代水利作详细的介绍。

战国以来我国农业生产力大发展的再一个标志是精耕细作技术体系的形成。如果说,这一技术体系战国以前开始萌芽,那么,从战国到南北朝,它已成型并得到系统的总结。这主要表现在北方旱地的耕作栽培上。从战国起,连年种植的连种制代替休闲制成为主要种植方式,到魏晋南北朝形成丰富多彩的轮作倒茬方式。农业技术仍以防旱保墒为中心,形成耕—耙—耢—压—锄相结合的耕作体系,出现"代田法"和"区〔ōu 欧〕田法"等特殊抗旱丰产栽培法。施肥改土开始受到重视。我国特有的传统品种选育技术亦已形成,并培育出不少适应不同栽培条件的品种。以上就是这一时期农业生产技术的一些主要成就,这些成就体现在系统总结黄河流域精耕细作农业技术经验由贾思勰所著的《齐民要术》一书中,这本书成为在长时期内指导北方农业生产的经典。

(2) 全方位的发展

战国秦汉农业的发展是全方位的。不但粮食作物,而且经济作物、园圃业、林业、畜牧业、蚕桑业、渔业都获得长足的进步。究其原因,除了生产力提高,更多土地被垦辟出来以外,国家的统一,各民族各地区农业文化的交流,也使黄河流域农业文化的内容更加丰富。

战国至南北朝,我国粮食作物种类与前代基本相同,但在粮食构成上却发生了某些变化。粟仍然是最主要的粮食作物,水稻继续在北方某些地区推广,大豆和小麦地位上升,黍地位下降,大麻逐渐退出粮食行列。

据近人研究,原产我国的大豆很可能是"异地同源"的,即在我国若干地区同时或先后被驯化出来的。东北地区很早就种植大豆。殷周时,山戎(殷周时活动于河北省东北部及其以北地区的一个少数民族)对中原王朝的贡品中就有"戎菽"(大概是大豆的一个优良品系)。春秋时齐桓公伐山戎,把戎菽传播到中原广大地区。当时中原地区正由休闲制向连种制转变,需要寻找在新条件下恢复和培肥地力的方法,戎菽的传播满足了这种需要。从春秋末到秦汉之际,大豆和粟并列成为最主要的粮食作物。汉代以后,大豆向加工为副食品的方向发展,豆豉、豆腐、豆芽、豆酱在汉代相继出现,这些食品一直为人们所喜爱,尤其是豆腐是当今风靡世界的食品,成为中国饮食文化的一大特色和一大贡献。

春秋以来,小麦种植面积一直在增长,汉代在关中推广冬麦,成绩斐然。南朝在江淮一带也推广种麦。这一时期麦作的发展与石转磨的推广有一定关系。我国农区传统饮食习惯是"粒食",麦子最初也是煮成饭吃的,但麦饭适口性差;有了石转磨,小麦可以磨成粉,做成各种精细可口的食品。汉代面粉做成的食物统称为"饼",如馒头叫蒸饼,面条叫汤饼,芝麻烧饼叫胡饼等,其中不少是直接取法于西部少数民族的。

我国农业发展中,独立的大田经济作物是战国秦汉以后陆续出现的。古代黄河流域最主要纤维作物大麻,甚至首先是一种粮食作物。汉代以后,大麻籽一般不作粮食。当时出现的上千亩的大面积麻田,是专门提供纤维的。曹魏时实行户调制,麻布是主要征调内容之一,反映了大麻种植的普遍化。我国春秋以前已有染料(如蓝)生产,但只是种植在园囿之中,汉代一些城市郊区已有大面积生产,染料品种也增加了。我国对动物油脂利用较早,对植物油脂利用较晚。种籽含油量较高的大麻、芜菁、芸苔虽然种植较早,后来又驯化了荏〔rěn 忍〕(白苏),但都是直接食用,不用来榨油。张骞通西域以后,芝麻和红蓝花先后传进中原,榨油技术可能同时引入。西汉农书中已有种植芝麻的记载。魏晋以降,中原榨取和利用植物油已相当普遍,除芝麻和红蓝花外,大麻籽、芜菁籽也间或榨油,这样,我国才有了真正的油料作物。芝麻原产非洲,引入中原前已在新疆安家,因其出自"胡"(中国古代泛称北方少数民族为胡)地,故称"胡麻"。唐宋以后按其用途称为脂麻,后讹为芝麻。它有很高的食用价值和药用价值,在相当长时期内是我国首要油料作物。中原人的食用糖料,先秦时代已有蜂蜜和饴糖(麦芽糖),后来从南方传入甘蔗糖。我国甘蔗,原来人们认为是从印度传入的。据近人研究,我国也是甘蔗的原产地之一。最早种甘蔗的是岭南百越族系人民,战国时已传到今湖北境内,《楚辞》中提到的"柘〔zhè蔗〕浆",就是甘蔗汁。蔗汁凝缩、爆晒后成块状,称"石蜜",南越曾用作对中原王朝的贡品。我国是茶的故乡。相传神农氏时代已发现茶的解毒作用。最早利用和栽培茶树的是西南的巴族,西周初年已在园圃中种茶和向中原王朝贡茶了。汉代四川有茶叶市场,巴蜀在相当长时期内是我国茶叶生产中心。魏晋以后,茶叶生产推广到长江中下游及其以南地区。

这一时期的园圃业有很大发展,在城市郊区出现较大规模的商品性生产基地,"园"(植果)和"圃"(种菜)也有较明确分工。园艺技术有许多创造,最突出的是无性繁殖(分根、扦插、嫁接等)和温室栽培。蔬菜果树种类有明显增加。公元 6 世纪的《齐民要术》记载的蔬菜就有 35 种之多,增加的蔬菜种类中,有些是引进的,如从西域引进的胡瓜(黄瓜)、胡荽(芫荽,俗称香菜)、胡蒜(大蒜)、蹜蠁〔xiángshuāng 详双〕(豇豆)、豍〔bì 毕〕豆、豌豆和苜蓿等。有些是新培育的,如汉魏时长江下游人民从当地栽培的蔓菁中培育出新变种——"菘"〔sōng 松〕,即白菜,又如随着人工蓄水的陂〔bēi 杯〕塘的发展和综合利用,水生蔬菜更多为人们所栽培。有些是从粮食作物转变来的,如菰(又作苽)〔gū 孤〕,曾是古代"六谷"之一,它被黑粉菌所寄生,则不能结实,但茎的基部畸形发展,可形成滋味鲜美、营养丰富的菌瘿〔yǐng 影〕,这就是茭白。茭白在晋代已成为江东名菜。栽培茭白是我国的独特创造。原来作为粮食的芋头,这时也进入园圃作物之列。在新增果树中,最重要的有从西域引进的原产地中海的葡萄和原产新疆的柰〔nài 奈〕(即绵苹果),从西羌地区引进的核桃等。南方生产的柑橘,先秦时代已是南方民族对中原王朝的贡品,秦汉时,荔枝、龙眼也运到北方,受到人们喜爱。

林业作为一种生产活动早就存在,但在先秦时代,它或者依附于虞衡业,或者依附于园圃业,未成为独立的生产部门。战国以后这种情况发生了变化。人们在发展粮食作物、经济作物、园圃作物的同时,还在不宜五谷生长的丘陵坂险种植竹木,以获取材木、果实、柴薪等生产和生活资料。秦汉时还出现了经营大规模用材林和经济林的人,表明林业已成为独立的生产部门。秦汉时代北部边境还建造了一条人工榆树林带,当时称为榆林塞,是可与长城媲美的一条绿色长城。

战国至南北朝是黄河流域畜牧业继续发展的时期。畜牧业的经营方式有三种。一种是以养马业为基干的官营畜牧业。战国开始大发展,秦汉时在西北边郡建立官营牧场,规模十分可观,如汉武帝时养马达 40 万匹。南北朝时期北方游牧民族入主中原,黄河流域畜牧更盛,如北魏的河西牧场公私养马达 200 万匹,还有许多牛羊骆驼。二是地主经营的畜牧业。一般地主都拥有很大畜群,还出现了一些从事商业性经营的私人牧主,牲畜成千上万,满山遍野。三是个体农户经营的畜牧业。猪鸡是最普遍饲养的畜禽,耕牛饲养也受到重视,这种畜牧业规模不大,但几乎家家都有,仍是当时畜牧业的大头。

战国秦汉蚕桑业重心在黄河流域,山东是全国蚕桑业最发达的地区,号称"衣履冠带天下"。荆楚地区和巴蜀地区的蚕桑业也比较发达。魏晋南北朝时期北方蚕桑生产虽因战乱受到破坏,但仍保持相当规模和一定优势,并有所发展,蚕桑生产和丝织技术最发达的地区有转移到太行山以东的河北平原的趋势。在长江下游也获得比较迅速的发展,并传播到新疆、东北、西藏等地。

人类从事捕鱼早于农耕,进入农业时代以后,捕鱼迄未停止,同时又出现了人工养鱼。我国人工养鱼起源于商周,当时,在帝王贵族园囿的一些池沼中,已有鱼类繁殖,但主要是满足统治阶级游乐或祭祀的需要,规模不大。春秋战国时期,随着蓄水灌溉的人工陂塘的兴起,人工养鱼突破了贵族园囿的范围,成为较大规模的生产事业。吴越是当时人工养鱼比较发达的地区。但黄河流域不少地方也发展了人工养鱼。汉代出现了年产"千石"的大型鱼陂,又开始利用稻田养鱼(最早出现于四川)。人工养鱼的种类,最初主要是鲤鱼。我国是世界上最早饲养鲤鱼的国家。大约成书于西汉的《陶朱公养鱼经》是我国第一部养鱼专著,集中谈了鲤鱼的人工饲养法。这一时期,捕鱼工具和方法也有很大进步,饲养鱼鹰捕鱼比较普遍,海上捕鱼业也较发达。

(3) 从华夷杂处到农牧分区

战国以来,我国农业生产结构和地区布局有一个明显特点,即农耕民族占统治地位的、以种植业为主的地区和游牧民族占统治地位的、以畜牧业为主的地区同时并存并明显地分隔开来。这一特点的形成经历了一个过程。

在原始农业时代，游牧民族尚未形成，同营农氏族部落错杂并存的只有仍以采集和狩猎为生的氏族部落。大致从新石器时代中期起，大多数遗址都呈现了以种植业为主，农（种植业）牧采猎相结合的经济面貌。一些成为后世游牧民族发源地或活动舞台的地区，也不例外。例如西戎族群兴起的甘肃青海地区，匈奴起源地之一的漠南河套地区和东胡活动中心的辽河上游地区，这时都以种植业为主。当中原地区由原始社会向阶级社会过渡时，游牧部落和游牧民族才在西部、北部和东部某些地区陆续出现。首先强大起来的是被称为西戎的游牧半游牧部落群。他们由甘青地区向中原进逼，迫使周王室从镐〔hào 号〕（今陕西西安西南）迁到洛邑（今河南洛阳），从西周中期到春秋，形成"华夷杂处"，即农耕民族与游牧民族错杂并存的局面。西戎人是以养羊为生的，当时进入中原的戎狄还不善骑马，所以他们和华夏各国打仗时都采用步战。

到了战国，形势发生了很大变化。进入中原

的游牧人基本上都接受了农耕文明,融合为华
夏族的一部分,这与黄河中下游地区铁器推广、
更多土地获得垦辟的过程基本上是同步的。中
原地区种植业的主导地位进一步确立了。与此
同时,总称为"胡"的一些游牧民族却在北方崛
起,他们以善于骑马著称。后来,匈奴统一了北
方这些游牧民族,构成威胁中原农业民族政权
的强大力量。这样,农业民族统治区和游牧民族
统治区终于在地区上明显地分隔开来。秦始皇
把匈奴逐出黄河以南鄂尔多斯地区,连接和修
筑万里长城,标志着这种格局被进一步固定下
来。

　　长城分布在今日地理区划的复种①区的北
界附近,这并非偶然的巧合,它表明我国古代两
大经济区的形成是以自然条件的差异为基础
的。长城以南、甘青以东地区的气温和降雨量都
比较适合农耕发展的要求,可以实行复种。在这
里,定居农耕民族占统治地位,其生产结构的特
点是实行以粮食生产为中心的多种经营。《汉

---

　　① 复种是指一年内在同一块土地上种收一季以上作物的
种植方式,如两年三熟、一年两熟等。

书》的作者班固说："辟土殖谷① 为农。"反映了谷物种植在农区农业生产中的中心地位。在长城以北，横亘着气候干燥寒冷、沙漠草原相间分布的蒙新高原，发展农耕的条件比较差，但却是优良的牧场。在这广阔的舞台上，一些强大的游牧半游牧民族相继兴起。他们拥有数以万计、十万计以至百万计的庞大畜群，在茫茫的草原上逐水草而居，食畜肉、饮湩〔zhǒng 肿〕（马奶酒）酪（乳酪），衣皮革，被毡裘，住穹庐（毡制帐幕）。畜群是他们的主要生活资料，也是他们的生产资料。狩猎有保卫畜群和演习军事的作用，又是生活资料和生产资料的补充来源。游牧民族也并非完全没有种植业，他们很早就懂得种植黍稷〔jì 祭〕②等，不过在其生产结构中所占的比重很小。与游猎相结合的游牧几乎是这些民族唯一的衣食之源③。

---

① 这里所说的"谷"，包括了但不等同于现在植物学上所说的禾谷类作物，而是泛指带壳的粮食作物，故又称"粒食"。我国古代粮食除谷物外，还有薯类，但在黄河流域不占重要地位。

② 稷亦黍的一种，黏的为黍，不黏的为稷。

③ 长城以北地区游牧民族占统治地位，但在游牧的"行国"的旁边，也散布着一些从事农业的"土著"民族和农业区。例如东北的辽河流域，新疆的天山以南都有农业区分布。而西南少数民族地区（古称"西南夷"），则是"土著"和"行国"并存。

　　我国古代的农耕文化和游牧文化虽然在地区上分隔开来,在经济上却是相互依存的。偏重于种植业的农区需要从牧区取得牲畜和畜产品,作为其经济的补充。种植业基础薄弱、比较单一的牧区尤其需要输出其富余的畜产和输入其不足的农产品和手工业品。两大经济区平常通过官方的和民间的、合法的和非法的贸易进行经济交往,当正常的贸易受到阻碍时就会诉诸战争,战争成为经济交往的特殊方式。秦汉时期,中原王朝与匈奴政权的斗争空前激烈,而汉族同北方各民族的经济文化交流也空前活跃。除了张骞通西域前后引进一系列珍贵的农作物外,北方游牧民族的牲畜和畜产品源源不断进入中原,不但直接为中原农耕运输提供丰富的畜力,而且促进了中原畜种的改良和畜牧技术的进步。例如汉武帝时从西域引进乌孙马和大宛马,对中原马种改良起了很大作用。又如骡、驴、骆驼是北方民族首先饲养的,中原人视之为"奇畜"。大概战国时传入中原,西汉初仍较罕见。西汉中期以后,"羸(骡)、驴、驼〔luò 洛〕驼(即骆驼),衔尾入塞"(《盐铁论》),逐渐成为中原地区的重要役畜。另一方面,中原的农产品

（粮食等）和手工业品（铁器和丝织品等）以及生产技术，也随着贸易和战争不断输入北方，丰富了该区人民的物质生活，并在游牧文化中注入农耕文化的因素。两大经济区的对峙，还深刻地影响了双方经济成份和生产结构的变化。为了抵御北方游牧民族强悍的骑兵部队的侵扰，中原王朝迫切需要直接掌握大量马匹，建立一支有迅速应变能力的常备军，这就大大刺激了农区以养马业为基干的官营畜牧业的发展。与此同时，民营畜牧业则向着为农业服务的方向发展，日益小型化。游牧区与农耕区的分立，农区内官营军用大牧业和民营农用小牧业的分化，构成中国古代农牧关系的两大特点。为了抵御北方游牧人的侵扰，从西汉起实行边防屯田。汉武帝时在河套至甘肃西部部署了60万屯田卒。中原王朝的屯田还深入到了西域地区。屯田促进了农耕方式向牧区的推进，并在农牧区之间形成一个半农半牧区。西汉的官营牧场主要就是分布在属于这一地区的西北边郡，当时这里农牧两旺，是全国最富庶的地区之一。

魏晋南北朝时期，北方长期战乱，人口南移，游牧半游牧民族乘虚大量涌入，一度把部分农田变为牧场和猎场。但这些民族不久就先后接受了汉族的农耕文明。鲜卑族拓跋部建立的北魏政权,主动实行汉化,恢复和发展农业生产。为了抵御游牧的柔然族的南侵,也学汉族的样子,在今河北赤城至内蒙古五原一线筑起了长城,俨然以农耕文化保卫者自居。这也清楚地表明,长城作为农牧分区的标志,实质不在于区分不同种族,而在于区分不同的文化。

4　在经济重心转移中凯歌前进
——隋、唐、宋、元农业

我国传统农业发展的第三阶段包括隋、唐、五代、宋、辽、金、元,这是我国传统农业在更大范围内获得蓬勃发展的时期,也是南方水田精耕细作技术体系形成和成熟时期。这一时期最突出的现象是南方农业的发展和全国经济重心的南移。

（1）农业优势的南北易位

前面谈到,长江流域早在原始时代就有发达的稻作农业,足以和黄河流域的粟作农业相媲美。夏商周三代,由于种种原因,关于南方农业的记载很少。春秋时南方民族建立的吴、越、楚和巴、蜀等国,经济都很发达,对农业生产有多方面的建树。南方民族很早种稻,种稻要有起码的排灌设施,因此,南方农田灌溉的出现比黄河流域要早。例如,我国最早的大型农田灌溉工程——期思陂〔bēi 卑〕(在今河南固始县西北)和芍陂(在今安徽省寿县),就是出现在春秋时代以苗蛮为主体的楚国。驰名中外的都江堰水利工程的基础,是公元前 6 世纪蜀族杜宇王朝后期由鳖灵领导的开凿玉垒山,分岷江水入沱江的工程。它们比黄河流域最早的大型水利工程漳水十二渠早 100 余年。长江下游的吴、越人民也很早就开始围湖造田。从现有材料看,石犁和青铜犁都可能是长江下游于越族最先用于水田农业的。这些地区青铜冶炼业都相当发达,吴越地区青铜农具的使用比中原更普遍,冶铁炼钢技术也很可能是楚越地区首先发明的。春秋时楚晋争霸,春秋末年吴、越相继勃兴,都是以农业巨大发展为基础的。进入战国,当黄河流域因铁器推广获得大规模开发时,长江流域及其南境农业前进的步伐却放慢了,南北的差距开始拉大。秦汉时代,除四川地区农业比较发达,已和关中经济区连成一体外,长江流域及其南境的农业已明显落后于北方。汉代南方人口仅占全国总人口的 1/10 强。由于地广人稀,直到魏晋南北朝,南方许多地方水稻生产仍采取"火耕水耨〔nòu〕"的形式。所谓火耕,就是用火把地上杂草残茬烧掉,然后灌水种稻。所谓水耨,就是在稻苗生长期间把草除去,用水淹死,或径直灌水淹草,水随草高。火耕水耨以粗具农田排灌设施为前提,是水田农业的一种形式,它一般实行休闲制,不用牛耕,较省人力,比起当时黄河流域的精耕农业,自然显得十分粗放。同时,楚越之地在很大程度上仍依赖于采集和渔猎。

上述情况之所以发生,要从自然环境和生产力发展的相互关系中寻找其原因。秦岭淮河以南的长江流域及其南境基本上属于亚热带和暖温带气候类型,雨量充沛,河湖密布,水源充足,资源丰富,这些条件对农业生产的发展十分有利。但雨量和黄河流域一样受季风进退的影响,有些河流容易泛滥,旱涝不时发生。这里的河湖两旁往往有肥沃的冲积平原,是发展农耕

的理想地区,但缺乏华北那样广袤的平原,山区
丘陵多为酸性淋余土,适耕性较差。山多林密,
水面广,洼地多,也给大规模开发带来巨大困
难。而且气候湿热,在人类对自然改造能力还极
其有限的条件下,时有瘴〔zhàng 丈〕疫流行,威
胁着人类健康。汉代中原人认为"江南卑湿,丈
夫早夭"(《汉书·地理志》),视为畏途。这样,人
口自然增长缓慢。在相当长时期内缺乏进一步
开发所必需的劳动力。当时,南方的天然食品库
还十分丰裕,人们可以依赖采猎而不愁衣食,这
也延缓了人们为发展农业生产所作的努力。上
述条件决定该地区很早就以种植水稻等喜湿作
物为主,而农田排灌成为农业发展的重要条件,
即属于水田农业(泽农)的类型。这些条件,也决
定该区水田农业虽然出现很早,但当较易开发
地区开发殆尽后,农业必然在相当一段时间内
呈现相对停滞状态,必待劳动力和生产手段等
因素积累到一定程度,才能作进一步大规模的
开发,并充分发挥其自然条件中的潜在优势。

自东汉末年以来,情况逐渐发生了变化。苦
于长期战乱的中原人大量迁移到他们原来视为
畏途的南方,使这里进一步开发所最需要的劳

动力有了明显增加,而这里的局势又相对安定,
往往能在较长时期内"无风尘之警",水利兴修
和农田垦辟在持续进行,位处长江下游的江南
地区尤为突出。不过,这一时期江南的开发主要
集中在会稽(今浙江绍兴)、建康(今江苏南京)、
丹阳(今江苏丹阳)、长兴(今浙江湖州)等地,南
朝时,这里已是"良畴美柘,畦畎相望","一岁或
稔,数郡忘饥"了。唐初,江南的稻米已北运洛
阳等地。隋唐的统一,促进了江南人口的迅速增
长,农田水利也以前所未有的速度发展,无论数
量、分布地区、规模和技术水平均大大超过前
代。当时的纳税田,大抵都能灌溉。大量荒地被
垦辟。牛耕也获得了普及。安史之乱后,北方经
济受到严重破坏,江南农业却继续发展,其所产
粮食和提供的赋税,已成为唐帝国财政命脉所
系。这时,全国经济重心逐渐已由黄河流域转到
南方,到了宋代,这一局面获得了巩固。北宋元
丰三年(公元1080年),南方人口达5600余万,
接近西汉平帝时全国人口总数,而占当时全国
总人口的69%。经济重心的南移是我国经济史
上的一件大事,它是以南方农业的历史性超越
为基础的。

南方农业的这种飞跃在技术上表现为南方水田精耕细作技术体系的形成和成熟。这一体系,不是北方旱地精耕细作体系的移植,而是以南方民族原有水田技术的发展为基础形成的,也是南北农业文化交流的结果。汉魏时代,南方农业在总体上虽然逊于北方农业,但在稻作技术方面并不比北方落后。汉代越人以善治水田著称。当时的岭南和四川部分地区已实行水稻育秧移栽①,而它正是水田精耕细作的技术关键之一。唐宋时代,这种技术在水稻生产中普及,推动水田耕作的精细化。适合育秧移栽的整地要求的水田耙——耖〔chào〕(图8),不晚于晋代已在岭南出现,宋代传到了江南。江南在唐代创造了当时全国最先进的曲辕犁。元代又有中耕用的耘荡的发明。于是形成了耕—耙—耖—耘—耥相结合的水田耕作体系。这一体系与烤田、排灌等技术密切相联,促进土壤的熟化,不同于以抗旱保墒为中心的北方旱地耕作体系。这一时期,水旱轮作、稻麦两熟的复种制度

---

① 《四民月令》有"别稻"记载,不过,从《齐民要术》有关记载看,这是把稻苗拔起来再插回本田,目的是为了除草,不同于有目的的育秧移栽。

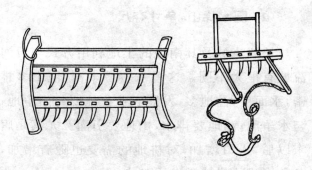

图 8 南方水田使用的方耙(左)和耖(右)

形成并获得较大发展,积肥用肥技术十分讲究,各种作物的地方品种大量涌现。以上这些技术成就,标志着区别于北方旱作的南方水田精耕细作技术体系的形成。地旷人稀、火耕水耨的状况彻底改变了。

这一时期的北方农业并非完全处于倒退或停滞状态。唐初和北宋华北的农业和水利都有较大发展,某些方面仍保持了一定的优势。即使是女真人和蒙古人统治的金、元时期,农业在经历巨大破坏后也有过恢复和发展。但这种发展往往被战乱打断,发展的势头和水平,都逐渐落后于南方。

（2）围水梯山，争寸夺尺

　　长江流域及其南境的土地利用方式与黄河流域有很大不同。这里水资源丰富，但山多林密，水面广，洼地多，发展农业往往要与山争地，与水争田；洼地要排水，山地要引灌。尤其是唐宋以后，人口增加，对耕地的需要也随着增加，各种形式的耕地遂发展起来。

　　耕地向低处发展的形式很多。趁枯水季节在湖滩地上抢种一季庄稼，这是较原始的利用方式，但仍不免水的威胁；进而筑堤挡水，把湖水限制在一定范围，安全较有保证，这种湖滩地就成了湖田。更进一步，筑堤把一大片低洼沼泽地团团围住，外以捍水，内以护田，堤上设闸排灌，可以做到旱涝保收。这种田，大的叫围田（图9）或圩田，小的叫柜田，有的地方则叫垸〔yuàn院〕田或坝田。湖田和圩田是长江中下游人民与水争田的主要形式。春秋时代的吴、越已开始在太湖流域围田，秦汉六朝隋唐不断发展。为了解决围田与蓄洪排涝之间的矛盾，从中唐到五代的吴越国，浚疏了太湖入海港浦，形成七里一纵浦、十里一横塘的河网化塘浦圩田

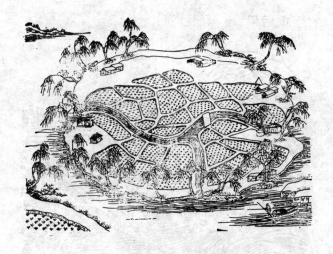

图 9　围田

体系,并设撩浅军经常浚疏,使太湖流域免除了水患,发展了生产,成为全国最富庶的地区。入宋以后,太湖流域围田又有很大发展。宋淳熙三年(公元 1176 年)太湖流域周围圩田多达1498 所,"每一圩方数十里,如大城"。诗人杨万里吟咏说:"周遭圩岸绕金城,一眼圩田翠不分","不知圩里田多少,直到峰根不见塍(田埂)"(《诚斋集·圩田》)。不过这种与水争田的方式要有一定的限度和合理的安排,否则也会造成水利和生态的破坏。宋代由于官僚豪绅滥围滥垦,以邻为壑,已出现水系紊乱、灾害增多的严重后果。

图 10　涂田

　　与水争田除了围湖以外还可以围海。在滩涂地筑堤坝或立椿橛，以御潮泛，地边开沟蓄雨潦,以资灌溉和排盐,是为涂田(图10)。一般先种耐盐的水稗,待土地盐分减少后再种庄稼。江岸或江中沉积的沙滩或沙洲,依靠周围丛生的芦苇减弱水流的冲击,开沟引水排水,也可以垦为水旱无忧的良田,这叫沙田或渚田。江湖中生长的葑草(菰),日久淤泥盘结根部,形成浮泛于水面的天然土地,人们植禾蔬于其上,是为葑〔fēng 奉〕田。再进一步,架筏铺泥,就成为人工水上耕地——架田了。我国的葑田,先秦时代始见端倪,唐宋已有架田的明确记载。

耕地向高处发展,出现各种形式的山田。南方以水田为主,但山田旱地很早就存在,并往往保留着刀耕火种的习惯。唐宋以来,随着人口增加,上山烧荒的人越来越多。这种保留刀耕火种习惯的山田,称为畲田。畲田对扩大耕地面积起了不少作用,但对森林资源的破坏比较严重。山田中对水土资源利用比较合理的是梯田(图11)。梯田是在丘陵山区的坡地上逐级筑坝平土,修成若干上下相接、形如阶梯的半月形田块,有水源的可自流灌溉种水稻;无水源的种旱作物也能御旱保收。梯田起源颇早。唐代樊绰在所著《蛮书》中谈到云南少数民族建造的山田十

图 11 梯田

分精好，可引泉水灌溉，这种山田就是梯田。宋代南方人口增加很快，需要扩充水稻种植面积，这种形式的山田获得较大发展，四川、广东、江西、浙江、福建都有它的踪迹，并取得了梯田这一名称。时人诗曰："水无涓滴不为用，山到崔嵬〔wéi　维〕犹力耕。"（方勺《宅泊编》卷三）说的就是南方梯田对水土资源的高度利用。

（3）传统农具发展的峰巅

在我国传统农具发展史上，唐宋是继战国秦汉以后又一个光辉灿烂的时代，传统农具发展到完全成熟的阶段。这一时期农具的进步主要表现在以下方面：第一，在铁农具质料方面发生了重大改革。秦汉魏晋南北朝铁农具主要用可锻铸铁制造。南北朝时发明了"灌钢"① 技术，并用以制造刀镰，但不普遍。唐宋时代这种技术已流行开来，小型嵌刃式铸铁农具遂为比较厚重的钢刃熟铁农具所代替，从而提高了坚韧和锋利的程度。第二，农具种类更多、分工更

---

①　"灌钢"是利用生铁溶液灌入未经锻打的熟铁，使碳较快而均匀地渗入熟铁中，再反复锻打成钢。

细，而且配套成龙。我国北方旱作农具在魏晋南北朝时已基本配套，此时进一步完善。如窄而厚的镵〔chán 蝉〕用来开生荒，阔而薄的铧用来翻熟地。汙（污）泽地春耕有专用的"剗〔chǎn 产〕"等。南方水田整地工具除耕、耙、耖外，秧田平土有平板，大田平土有田荡，又有用于育秧移栽的秧绳、秧弹、秧马，用于中耕的耘荡，排灌用的翻车、戽斗等，也形成完整的系列。第三，经过改良或新创，许多农具更为完善、灵巧、高效、省力。如翻土用的曲辕犁，中耕用的耧锄，收割用的麦钐〔shàn 扇〕、推镰，都比前代同类工具有更良好的性能。减轻劳动强度或起劳动保护作用的，有水田中耕用的耘荡、耘爪，拔秧用的秧马等。这一时期还出现了一些利用水力风力或畜力的大型高效农具。以下摘其要者作一简单介绍。

中国传统犁的完善　中国犁的犁体一般由犁底、犁梢、犁箭、犁辕等部件构成，形成框形，所以被称为框形犁，是世界上六种传统犁中的一种。这种框形犁，汉代已基本定型，有了犁壁，后来又有了可使犁箭活动调节耕深的装置，但仍实行两牛抬杠。唐代出现了江东犁。江东犁在犁辕前端设置了一个可以转动的犁盘,犁辕通过在犁盘两侧系以绳索与牛轭(这时已由二牛抬杠的直轭改为曲轭)相连接;而犁辕也因之由直长辕改为较短的曲辕了。所以江东犁又叫曲

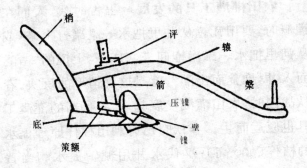

图 12　曲辕犁复原图(唐)

辕犁(图 12),这种犁可以用单牛挽拉。曲辕犁的出现,标志着中国传统犁发展到成熟阶段。宋代又出现了软套和代替犁盘的铁挂钩;曲辕犁向全国普及。和世界其他地区的传统犁相比较,中国犁的特点,一是富于摆动性,操作时可以灵活转动和调节耕深耕幅;二是装有曲面犁壁,具有良好的翻垡〔fá 伐〕碎土功能。这些特点满足了精耕细作的要求,适于个体农户使用。西欧中世纪使用带轮的重犁,没有犁壁,役畜和犁辕间用肩轭连接,比较笨重。18 世纪出现的西欧近

代犁,由于采用了中国框形犁的摆动性和曲面壁,并与原有的犁刀相结合,才形成既能深耕又便于翻碎土壤的新的犁耕体系;它成为西欧近代农业技术革命的起点。

农田排灌工具的发展　　上古时代,人们在灌溉时,要用瓦罐从井里把水一罐罐打上来,或从河里把水一罐罐抱回来。《庄子》上说的"凿隧而入井,抱瓮而出灌",就是这种情形的反映。春秋战国时,农田灌溉发展起来,各种新的灌溉工具也应运而生。春秋时已有利用杠杆原理提水的桔槔〔gāo 高〕;汉代水井用辘轳提水相当普遍,辘轳的使用一直延至近世。这两种提水工具比起抱瓮出灌已大为进步,但毕竟不能满足较大规模的农田排灌的需要,真正满足这种需要而对我国农业发展作出巨大贡献的是翻车,即龙骨车。它创制于东汉末,最初用于洒路,发明者是毕岚。三国时马钧加以改进,始用于园圃灌溉。这时它还是手摇的,以后发展为脚踏的(图 13),具体何时难以确指。不晚于唐代出现了牛转翻车。宋元之际发明了水转翻车。元明之际又有风力水车的创制。翻车是利用齿轮和链唧筒原理汲水的排灌工具,结构巧妙,抽水能力

图 13　脚踏翻车

相当高。南宋范成大诗云:"下田戽水出江流,高垄翻江逆上沟,地势不齐人力尽,丁男常在踏车头。"(《石湖居士诗集》卷二十七)是电力抽水机推广以前我国农村使用最广泛的排灌工具。

唐代还发明了筒车。它是用竹木制成大型立轮,由一横轴架起,轮的四周斜装若干小木桶或竹筒。筒车安置在水边,立轮下部没入水中,轮随水流转动,轮周小筒不断把水戽〔hù 户〕起,通过木槽灌入田间。这也是一种高效提水工具,诗人用"竹龙行雨"来形容它。筒车在宋元又有发展,出现了畜力筒车和高转筒车(图14),后者可以引水至七八丈高。此外,唐代还有利用架空索道的辘轳汲水机械——机汲。

麦钐与碨䃺〔wéi 畏〕(石磨)　这两种工具均与麦作的推广有关。麦钐是用以收麦的装长柄的大镰刀,它配合一个带有两条活动长柄的簸箕("麦绰"),向前伸出,利用系在腰上的一个灵活的操纵器,移动钐和绰,将远处的麦"钐"下,翻入麦绰,再收回麦绰,递到后面带轮的"麦笼"里(图15)。这种配套的收麦器,比普通收获工具,效率提高几倍。麦钐在唐代已较普遍,它与麦绰、麦笼的配套完善大体在宋元之际。麦作

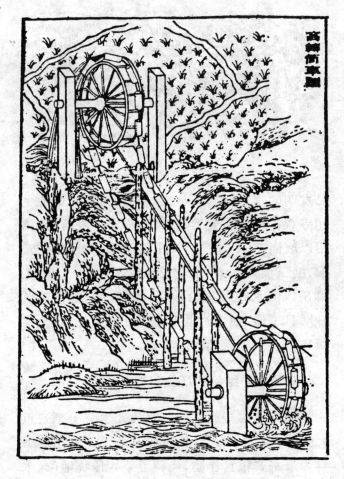

图 14 高转筒车

的发展又推动了加工工具的改进。魏晋南北朝

图 15　麦钐获麦

已发明的水力碾磨,唐代已相当流行,官僚地主和寺观往往建造大型碾硙,作赢利性经营,主要用以磨面。宋元之际,又出现可以同机完成砻、碾、磨三项工作的"水轮三事"(图 16)。这种工具是以河水冲激水轮转动,并通过轮轴带动各种磨具工作,在当时世界上均处于领先地位。在西域则有风车带动的磨麦器。

(4)生产结构的历史性变化

我国作物构成在唐宋时代发生了一系列重大变化。其中对国计民生影响最大的是稻麦上升为最主要粮食作物,代替了粟的传统地位。水稻一直是南方人的主食,并不断被北方人引种。唐宋时代,华北各地和东北部分地区都有水稻

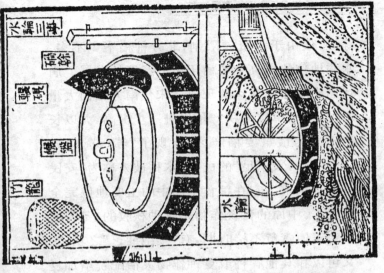

图 16 井水磨（左）与水轮三事（右）

踪迹,但由于水资源限制,北方种稻毕竟不多。水稻地位的提高主要由于南方经济的发展。唐代已出现南粮北运的现象。宋代南方稻田大量增加,水稻单位面积产量也进一步提高,尤以长江下游为最重要稻产区,出现了"苏(苏州)湖(湖州)熟,天下足"的民谚。水稻被人称为"安民镇国之至宝",它在粮食生产中的主要地位完全确立了。中原的传统作物是春种秋收的,冬麦的收获正值青黄不接时期,有"续绝继乏"之功;它又可以和其他春种或夏种作物灵活配合增加复种指数,在我国轮作复种制中,冬麦往往处于枢纽地位。由于上述原因小麦种植历来为民间重视,政府提倡。唐宋时代麦作发展很快。唐初租庸调中的"租"规定要纳粟,粟在粮作中仍处于最高地位,麦豆被视为杂稼;但中唐实行两税法,分夏秋两次征税,夏税主要收麦,反映麦作已很普遍。北宋时,小麦已成为北方人的常食,以至南宋初期金兵占领北方之后,大批北方人流寓南方时竟引起了麦价的陡涨,从而促进了南方麦作的进一步发展。当时不但"有山皆种麦",而且部分水田也实行稻麦轮作一年两熟。小麦终于在全国范围内成为仅次于水稻的第二位作物。宋元时代,最初种植于西南民族地区的高粱① 也开始在黄河流域大量种植,使粟黍继续受到排挤。

纤维作物方面变化也很大。首先是苎麻地位的上升;继之是棉花传入长江流域。苎麻原产于南方,历史上主要产区也在南方。距今4700年的浙江吴兴钱山漾遗址已出土了精美的苎麻布,而种苎麻的最早记载则见于三国时吴国人陆玑〔jī 机〕的著作。苎麻纤维质量很好,可织出清凉离汗的夏布。中南西南地区的一些少数民族历史上以生产优质苎麻布(如巴蜀的"黄润",广西壮族的"练〔shū 书〕子"等)著称。唐宋时代,随着南方的繁荣,苎麻繁殖栽培技术显著改进,生产有颇大发展,其地位超过了大麻。

棉花原产于非洲、印度和美洲。早在汉魏以前,我国西北、西南和南方的少数民族已开始种棉。新疆种的是一年生非洲草棉,称"白叠",南方种的是多年生印度木棉。先秦时代我国东南沿海岛屿的少数民族("岛夷")向中原王朝贡献

---

① 高粱抗旱耐涝,被誉为庄稼中的骆驼,是当今我国北方重要粮食作物之一。它起源于非洲,何时传入我国难以确考,但最初大概是种植于西南民族地区,故有"蜀秫"、"巴禾"之称。

"织贝";织贝即吉贝,系梵语棉花和棉布的音译。唐宋时闽广植棉已颇有规模,但种的仍是多年生木棉。宋元之际,一年生木棉从华南传到了长江流域,适应了当时南方由于人口膨胀对衣着原料增长了的需要,一下子就推广开来了。元代松江乌泥泾(今上海县华泾镇)人黄道婆从海南岛回来,推广黎族人民棉纺工具和技术,并加以改进,促使长江三角洲成为全国棉业的中心。棉花和棉布的生产程序没有蚕桑丝麻繁杂,而兼有两者的优点,不但可以织成"轻暖丽密"的棉布,而且可以直接制作衣被,是贫富皆宜的大众化衣被原料。经过元明等代的推广,它终于取代了丝麻的地位成为我国最重要的衣被原料。

油料作物更加多样化。古老的叶用蔬菜芸苔转向油用,被称为油菜。宋元时南方多熟种植有很大发展,油菜耐寒,又可肥地,是稻田中理想的冬作物,加之又比芝麻易种多收,故很快在南方发展起来,成为继芝麻后的又一重要油料作物。此外,宋代大豆已开始用于榨油。

种蔗和植茶在本时期发展为农业生产的重要部门。近人研究证明,我国也是甘蔗原产地之一。最早种甘蔗的是岭南百越族系人民。在甘蔗糖传入以前,中原人的食用糖料只有蜂蜜和饴糖(麦芽糖)。汉代已出现砂糖,但在相当长时期内,产量不多,质量大概也不够高。唐太宗时曾派人到印度学习制糖技术,回国后加以改进,质量超过印度。唐代四川始制白糖。北宋时又出现冰糖。制糖技术的进步促进了种蔗业的发展。唐宋时长江以南各省均有甘蔗种植,福建、四川、广东、浙江种蔗更多,尤以江西遂宁为最,成为全国最著名产糖区,并出现了不少制糖专业户——糖霜户。元代福州产糖之盛曾引起马可·波罗的惊叹。

我国是茶的故乡。相传神农氏时代已发现茶的解毒作用。最早利用和栽培茶树的是西南的巴族,西周初年已在园圃中种茶和向中原王朝贡茶了。汉代四川有茶叶市场,巴蜀在相当时期内是我国茶叶生产中心。魏晋南北朝茶叶生产推广到长江中下游及其以南地区。唐代饮茶习俗风靡全国。至宋代,茶已成为和米盐一样不可或缺的日用消费品。不但中原人爱喝茶,西北和西藏游牧民族也特别喜欢喝茶。从唐代开始,茶叶成为中央政府向北方和西藏少数民族换取军马的主要物资,这种交换被称为茶马贸易。这种情形推动了唐宋以来茶叶生产的大发展,植茶地区更加扩大,出现了许多专业化的茶场。中唐以后,茶税成为国家财政收入的重要来源。从唐宋时起,实行由政府控制茶叶生产和流通的"榷〔què确〕(专卖)茶"制度。

随着市镇的兴起和社会需求的增加,本时期园艺业也有很大发展。宋元时代,原来被称为"百菜之主"的葵菜逐渐衰落。而原来只能在江南种植的菘,经过栽培技术和品种的改良逐步移植到北方,成为"南北皆有"的蔬菜。另一种古老蔬菜萝卜(古称芦菔)的栽培也在扩展,它和白菜一起逐渐替代了葵在蔬菜中的地位。我国对食用菌的利用很早,但食用菌的栽培始见于唐代农书,到宋代已很普遍,并出现了关于食用菌的专著《菌谱》。这一时期引进的蔬菜,唐代有菠菜、莴苣(莴笋)和莙荙〔jūndá 君达〕(叶用甜菜),宋元有丝瓜、胡萝卜、芥蓝、慈姑等。这一时期另一重要特点是作为园艺业分支的花卉栽培十分兴盛。随着经济重心的南移,南方热带、亚热带的果树得到迅速发展,它们栽培北限在向前推移。又有海枣、扁桃、阿月浑子、树菠萝、油橄榄等果树的引进。

我国畜牧生产上的一次重要转折也发生在本时期。唐朝初年，我国官营牧业臻于极盛，唐太宗国家养马即达 76 万匹。私人牧业也很发达。安史之乱后，传统的陇右牧场陷于吐蕃〔bō播〕之手，中原王朝的官营大畜牧业，民间的大牲畜饲养都逐渐趋于衰落，小农经营的畜牧业进一步成为农区畜牧业的主要形式。中原王朝所需马匹，相当一部分通过茶马贸易和绢马贸易的方式从西北或西南少数民族地区取得。不过这一时期民间猪羊等家禽的饲养业，仍在继续发展。

隋唐统一后，在长期战乱中受到破坏的黄河中下游蚕桑业有所恢复和发展，当时政府征收的丝织品大部分仍来自这一地区。安史之乱后，蚕桑业重心也逐步转移到江南。北宋时全国 25 路之一的两浙路向政府缴纳的绢绸占了全国总数的 1/4，尤以嘉兴、湖州一带的蚕业最盛。不过这时北方蚕桑业的原有优势并未完全消失。

我国养鱼业在唐代也发生了一次转折。我国人工养鱼原以鲤鱼为主，李唐王朝在一段时期内因忌讳鲤李同音，规定老百姓不得捕食鲤鱼，违者重罚。老百姓不得不改养其他鱼类。青、草、鲢、鳙〔yōng 拥〕等鱼的养殖由此发展起来，形成四大家鱼。宋元时代养鱼业有较大发展。从淡水养鱼发展到海域养鱼，人们又把野生的金鲫鱼培育成观赏用的金鱼。贝类的人工养殖也始见于宋代文献。

农牧分区的格局继续维持，但形势发生了某些变化。如果说唐以前游牧民族对中原的威胁主要来自西北，那么，唐以后这种威胁已转移到东北了。起源于东北的半游牧民族契丹、女真、蒙古等相继进入和统治中原，中原农耕文化再度经受严峻的历史考验。但这一次中原农业虽然受到破坏，却没有出现大规模的、持续的农田改牧场的情形。如元朝统治者很快就认识到不能把蒙古人的游牧方式照搬到中原，他们建立劝农机构，制订劝农条例，组织编写农书，以恢复和发展中原传统农耕文化为己任。与此同时，中原农耕文化也加速向北方草原伸展。如辽金时代相当多的农业人口进入东北，使东北一些地区获得初步开发；元代也有相当数量的农业人口进入蒙古草原，使当地种植业的比重增加，单纯游牧的面貌发生了变化。

5　在人口膨胀压力下继续发展
——明清农业

明清（鸦片战争前）是我国传统农业发展的第四阶段，这是精耕细作农业继续发展时期。这一时期，人口的增长已引起全国性的耕地紧缺，为解决人多地少的矛盾，人们致力于提高复种指数和扩大耕地面积，土地利用率达到了传统农业的最高水平。

（1）人口与农业，发展与制约

人类社会存在着相互制约的两种生产：物质资料的再生产和人类自身的再生产。人口与农业的关系实质上是两种生产的关系。一方面农业生产的发展为人口增长提供物质基础并规定了它的极限。农业经济的不同类型，决定了人口演变有不同规律：小农经济占统治地位的农区，人口往往能较稳定地增长；牧区人口增长则因牧业受自然条件变化巨大影响而呈现不稳定性。另一方面，在生产工具简陋的古代，劳动力对农业生产有重大意义，因而人口的消长、转移、分布极大地制约着农业生产的发展，对不同时代不同地区农业生产面貌发生深刻影响。

我国历史上的人口发展呈波浪形曲线上升，并形成若干梯级。先秦时代生产力水平低下，人口还很稀少，也缺乏可靠的人口记载。战国以后生产力出现飞跃，人口增长也较快。汉代开始有全国人口统计数字，从那时到五代，人口反复波动，最高人口数没有超过 6000 万的。宋代南方大规模开发导致人口的增长，宋代最高人口数已突破一亿，明代盛期人口约在 1.2 亿左右。到清代又上了新的台阶。康熙初年人口还只有 9000 多万，经过 100 多年，乾隆末年人口已猛增为三亿，至鸦片战争前夕，人口已突破四亿大关。

清代人口的这种空前增长原因是多方面的，而农业生产的相应发展无疑是重要的前提。满族入关建立清朝后，合内地与草原为一家，结束了游牧民族和农耕民族长期军事对峙的局面，又镇压了各地的反清势力，调整了阶级关系和民族关系，国家空前统一，社会空前稳定，这种局面对农业生产发展十分有利。正是农业的发展使人口的增长有了可能。不过,人口的空前增长又反过来给农业生产带来了严峻的问题。清代中叶以前,虽然历代都出现过局部的"地不敷种"的问题,但从全国来讲,土地完全能满足劳动力的需要,人口的增长成为农业发展的必要条件和动力。清代人口的激增导致全国性耕地的紧缺,清代中期,人均粮食耕地面积只有一亩七分左右,人口的增长已成为一种沉重的压力,朝野上下都在议论"生齿日繁"的问题。这种沉重的人口膨胀的压力,若转移到别的任何国家,都足以把这个国家的农业压垮。但中国传统农业凭借其顽强生命力经受住了这次历史考验。它依靠什么办法呢?不外是三条。第一条是千方百计开辟新耕地。第二条是引进和推广新作物。这两条相互联系,我们在下面还要谈到。第三条是依靠精耕细作传统,提高土地利用率和单位面积产量。作为我国传统农艺特点之一的多熟种植,宋代以前已经萌芽,宋代有初步发展,但较大发展还是在明清。围绕着多熟种植,大量品种被培育出来;肥料需求量更大,由施用自然肥、农家肥到施用商品性的饼肥;耕作要求更高,出现特重大犁和套耕等方法;治虫受到重视；栽培管理也更精细。总之，以"粪大力勤"为特点的技术体系更加强化。这一时期土地利用技术（如低产田改造等）又有发展，意义尤为深远的突破是，堤塘综合利用的生产方式在南方某些地区形成，这成为当今所提倡的"立体农业"或"生态农业"的先驱。在以上三条中，第三条更为重要，而且作用越来越大。我国历史上由于人口发展的不均衡和土地兼并的发展，战国以来历代都有一些相对人多地少的地区，精耕细作技术一般是从这些地区首先发展起来的。明清时代由于人口激增形成全国性人口多耕地少的格局后，精耕细作更成为不可逆转的发展趋势了。

明清在农业技术继续发展的同时，农具却较少改进。明清基本上是沿用宋元的农具，有所创新的多是适应个体农户小规模经营的细小农具，如手摇小型水车——拔车，南北丘陵山区整治水田田埂的塍铲、塍刀，种双季稻整地用的匍蓑〔gǔn 滚〕，稻谷脱粒用的稻床，北方旱地中耕用的漏锄，捕粘虫用的滑车等。明代一些地方出现过风力水车，但并没有推广。甚至王祯《农书》早有记载的一些大型高效农具，明清时反而罕

见了。由于牛力不足,有的地方退回人耕。明代
还有使用唐代已出现的"木牛"即人力代耕架

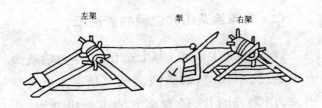

图 17　人力代耕架

(图 17)的零星记载,这虽是一种巧妙的创造,
但在使用动力上不能说是进步,而且使用并不
普遍。总之,明清时代已失去两汉或唐宋那种新
器迭出的蓬勃发展气象。这一方面是由于传统
农具的发展已接近小农经济所能容纳的极限,
同时劳动力的富余又妨碍人们进行改进农具提
高效率的努力。与此相联系,明清时代在单位面
积产量继续提高的同时,每个农业劳动力生产
的粮食却明显下降。如据吴慧《中国历代粮食亩
产研究》估计,西汉末年粮食单产折合每市亩
264 斤,每个劳动力生产原粮 3574 斤。到了清
代,粮食亩产增至 367 斤,每个劳动力生产粮食
则降至 2262 斤。其中最主要和最直接的原因是
每人平均占有粮食耕地面积由 3.76 亩减少到

1.7亩。以上是明清农业的不足之处，反映了人口过度增长对农业发展的制约。

（2）向滩涂荒山和边疆的新进军

自农业发生以来，辟土造田的运动始终没有中断过。秦汉时代，黄河流域已基本上被开垦出来，唐宋元时代，随着南方的进一步开发，广大内地的宜农土地已垦辟殆尽。明清时代人口的激增导致对耕地的需求空前增长，当人们垦复了王朝交替之际因战乱而抛荒的土地后，就不得不向条件更加艰苦、地区更加荒远的土地进军。因人口激增和土地兼并而丧失土地的农民，像决溢的洪水，迅速地流向一切可以提供新耕地的地方，成为明清辟地造田的主力军，而政府也在各地组织军屯、民屯和商屯。

滩涂荒山是这一时期垦殖的重点之一。洞庭湖区、珠江三角洲沙田区、江河沿岸洲滩和东南沿海滩涂都获得了开发。如位处湖南湖北两省的洞庭湖区，早在宋代已有零星的围垦，但大规模"化弃地为膏腴"的开发活动是在明成化（公元1465—1487年）以后。人们在洞庭湖北修筑堤防阻挡江河之水，在洞庭湖南修圩堤围垦湖中之田,当地称之为垸田。它由北向南发展,明代修的垸田约 100 多处,清代增至四五百处,面积达 500 万亩之巨。由于长江流域第一大湖洞庭湖区的开发,两湖地区成为我国新的粮仓,"苏湖熟,天下足"的民谚明中后期起被"湖广熟、天下足"所代替。明清时代陆续有人在天津地区围垦,把大片滨海盐碱地改造为盛产水稻的良田。内地许多原来人迹罕至的山区,这时也被陆续开垦出来。深入山区的农民,住在简陋的茅棚中,为谋生而披荆斩棘,被称为"棚民"。如明中期后,大量流民冲破政府禁令进入荆襄山区,使昔日的高山峻岭,出现"居庐相望,沿流稻畦高下鳞次"(《徐霞客游记》卷一)的景象。又如清代,千百成群的破产农民陆续不断进入川、陕、楚交界地区,这里人口一度达数百万。经过几代人努力,使这里的深山老林获得开发。

明清垦殖扩张的另一重点是边疆地区。这一时期大批农民陆续进入长城以北内蒙古、东北的传统牧区半牧区,使那里的农田面积大量增加。尤其是清代山东、河北、河南的汉族农民冲破清政府封锁,川流不息地进入东北(俗称闯关东),与当地蒙、满等族人民一起,把东北开发成我国近代盛产大豆高粱的重要农业区。在新疆,尤其是清朝在此建省后,大兴屯田,兴修水利,在当地维吾尔、汉、蒙各族人民努力下,农业生产获得很大发展。西南地区的云南、贵州,古称西南夷,汉代还是以农耕为主的"土著"和以游牧为主的"行国"错杂并存的地区。以后农耕文化范围不断扩大,游牧文化范围不断缩小,并向定居放牧转化。元明清三代,中央政府在这里大兴屯田,大批汉族、回族等人民进入该区,内地先进生产技术迅速推广,农田水利也获得发展,垦殖活动逐步由平坝向山区和边地发展。沿海岛屿的垦拓也在加速进行。闽南、粤东的人民在清代几次掀起渡海移居台湾热潮,大大加快了台湾岛的开发。

滩涂荒山和边疆的垦辟使我国耕地面积比前代有很大增加。有人估计明代耕地面积比宋代增加了 40%,即由 5.6 亿亩增加到 7.84 亿亩;清代又增至 11 — 12 亿亩,比明代扩大了 50%。这是明清粮食总产量增长的重要因素,对民食问题的缓和起了很大作用。在新增加的耕地中,不少是"瘠卤沙冈"、"陡绝之地",被外国人视为没有利用价值的"边际土地"。在垦辟和利用这些土地的过程中，低产田（如盐碱地、冷浸田等）的改良等土地利用技术获得发展。一些山地被垦辟后用来种植蓝靛、香菇、麻、烟、茶、漆、果树等，促进了商品经济的发展。边疆的垦殖活动不但扩大了农耕文化区，而且使中原的精耕细作技术获得传播。

不过，明清垦殖活动是在人口膨胀压力下自发进行的，在封建制度下不可能作出合理的规划，它带有很大的盲目性，不少地方是用刀耕火种开路，不可避免地造成对森林资源、水资源等的破坏，引起水土流失、水面缩小、蓄水能力降低等弊病，从而加剧了水旱灾害。我国本来是一个自然条件比较严峻，自然灾害比较频繁的国家，明清时代这种情况又有所发展。与此相联系，备荒救荒越益为人们所重视，野生植物的利用和除虫治蝗等技术获得发展，这也是明清农业的显著特色之一。

明清垦殖活动的另一消极后果是内地宜牧的荒滩、草山减少，传统牧区和半农半牧区也大面积改牧为农，遂使在全国范围内种植业比重上升和畜牧业比重下降，形成农牧关系中畸重畸轻、比例失调的局面。耕畜不足、经营分散细碎,甚至使有些地区由牛耕退回人耕。

(3) 新作物、新组合

在明清时代的粮食生产中,玉米、甘薯和马铃薯的传入和推广,是影响深远的重大事件。它们适应了当时人口激增的形势,为我国人民征服贫瘠山区和高寒地区,缓解民食问题,做出了巨大贡献。没有它们的推广,明清时代耕地的扩大和单产的提高都会受到限制。

据明朝人说法,玉米原产于"西番"地区,因曾进御皇帝享用,被称为"御麦"。早期玉米多称玉麦,大概是御麦的讹变。此外,玉米还有苞谷、玉蜀黍等几十种异称。以前一般认为,玉米原产美洲,1492 年哥伦布发现新大陆以后才传到欧亚大陆并进入我国。近人的研究已动摇了这一结论。因为在哥伦布发现新大陆前的几十年,在《滇南本草》这本书中已有关于玉米的明确记载。我国西南民族地区种植玉米相当早。因此,玉米的起源和如何传入内地还有待进一步研究。不过,明代内地种玉米还很少,内地人对玉米形状习性不甚了了,以致李时珍在《本草纲目》中把玉米图像也画错了。清代人口陡增,民食吃紧,玉米开始受到重视。因为这种作物对土壤气候条件要求不高,种收省工方便,高产耐饥,没有完全成熟也能采食。最初,玉米主要在各地山区迅速推广,出现了"遍山漫谷皆苞谷"的局面,取代原来粟谷的地位。19世纪后,华北、东北等平原地区也开始大量种玉米,玉米遂发展为全国性的重要粮食作物。

甘薯和马铃薯这两种块根作物都原产于美洲。我国原产的块根块茎类粮食作物主要是薯蓣(山药)和芋头,后来都转化为蔬菜了。另一种块根作物也称甘薯或甘蔗,属薯蓣科,不晚于汉代已在海南等地栽种,是黎族人民的传统作物。原产美洲的甘薯则属旋花科,又称番薯。明万历年间(16世纪末)传入我国,引进路线一是从吕宋(菲律宾)传入福建,一是从越南传入两广。都是华侨中的有心人冒着风险、冲破当地的封锁把薯种带回国的,其中有不少动人的故事。甘薯传入后,恰遇福建因台风灾害发生饥荒,甘薯被用作救荒作物种植,活人无数,人们对它开始刮目相看。明末徐光启为了解决江南灾荒,多次从福建引种甘薯,研究出甘薯在当地藏种越冬的方法,并总结了甘薯的"十三胜",包括产量特高,食用方便,繁殖容易,种植简单,耐旱耐瘠,不怕蝗虫等。清中叶以来,随着人口激增和贫苦农民为了寻求新耕地的迁移活动,甘薯加快向北传播,在长江流域、黄河流域等地获得迅速推广。马铃薯又称土豆、洋芋等,传入我国时间大约是明末清初,先在台湾种植,然后进入大陆;也有从俄国引种到我国北方的。马铃薯生长期短,适应性强,即使在气候冷凉地区,在新垦地或瘠薄山地,均可种植,成为苦寒山区人民的重要粮食。

明清时期水稻种植有进一步发展。在北方的 13 省中,除黑龙江外均有水稻种植。清末水稻分布的北线是新疆伊犁,沿河西走廊、河套到东北的辽河流域。在南方,双季稻从岭南发展到长江流域。北方的谷子、高粱的地位,则因玉米、番薯的传播受到削弱。我国现在的主要粮食作物依次是水稻、小麦、玉米、高粱、谷子、甘薯和马铃薯。这是历史长期发展的结果,而粮食作物构成的这种格局,清代已基本形成了。

在纤维生产方面,棉花虽然在宋元之际传入长江流域,但真正在全国普及还是在明清。明朝立国伊始,即对民户的木棉生产数量作出硬性规定,棉花迅速在黄河流域推广开来。明末徐光启说:"(棉花)宋末始入江南,今则遍及江北与中州矣。"清代中期,棉花不但是国内最重要的衣被原料,而且还有棉花和棉布运销国外。棉花的发展导致麻类种植的下降,麻织品几乎为棉织品所取代。从宋末到明代随着棉业的勃兴,蚕桑业在许多地方趋于萎缩,但南方某些地区,尤其是嘉湖地区,清代在蚕丝出口的刺激下,蚕桑业进一步繁荣,并使其邻近地区和珠江三角洲也发展为重要蚕桑产区。柞蚕丝的生产在明清也有很大发展。首先采收和利用柞蚕丝的,是先秦时代山东半岛的"莱夷"。明中叶以后,放养柞蚕成为山东农家的一项副业,形成一套比较完善的技术,并由起源地山东先后传到黄河流域下游和东北的辽宁、西南的川黔等省。

花生和烟草是我国明清时代引进的重要经济作物。据报道,浙江吴兴钱山漾和江西修水跑马岭都出土过新石器时代的花生遗存。但在以后的漫长岁月里,花生并不见于文献记载,这成为农史研究中尚未解开的一个谜。明嘉靖、万历以前,原产巴西的花生传入我国,称"香芋"。初从海路至闽广,继从闽广至江浙,清初已扩展到黄淮以北。19世纪又有大粒花生的传入,山东成为花生的重要生产基地。花生含油量大,是榨油的好原料,引进后发展很快,种植几遍全国,成为最重要的油料作物。烟草原产美洲,是明万历年间从吕宋引入福建、广东的,初音译为"淡白菰";明末清初也有从朝鲜传入东北的。它很快传遍大江南北、长城内外,成为清代重要经济作物。

明清甘蔗生产也有发展,产量以闽广称盛。台湾是新兴蔗区,并迅速超过大陆。蓝靛也是重要经济作物,福建、江西成为蓝靛的特产区。茶叶生产继续发展,传统的官方或半官方的茶马贸易被更广泛的民间贸易所代替,同时茶叶又成为对外贸易最重要的物资之一。

在明清的蔬菜中,传统的葵和蔓菁身价日下,而白菜和萝卜则唱起了主角。它们的品种不断增加。尤其是明中叶培育出不同于原来散叶型的结球白菜,即今天的大白菜。它不但为我国人民所喜爱,而且也被世界各国广泛引种。这一时期引进的蔬菜有原产美洲的辣椒、番茄、菜豆、南瓜以及球茎甘蓝和结球甘蓝等,它们经过我国人民的改良，有很大发展。如我国现在已拥有世界上最丰富的辣椒品种，包括各种类型的甜椒，成为菜椒品种的输出国，北京的柿子椒引种到美国，被称为"中国巨人"。

明清时期我国原有栽培果树的品种显著增加，又从国外引进芒果、菠萝、番木瓜、番荔枝等果树。我国北方现在的主要栽培果树西洋苹果和西洋梨，就是清末从北美洲传入的。

本时期的畜牧业，由于传统牧场的开垦和内地牧养条件的恶化，大牲畜饲养业走向衰落，但猪羊等家禽的饲养继续有所发展。我国贝类的人工养殖始见于宋代文献，明清时代有进一步发展，主要产区在福建、广东沿海，种类则有蠔、蛏〔chēng 撑〕、蚶、蠡〔léi 雷〕等。明清时期沿海和台湾人民又在海涂凿池或筑堤养鱼，更扩大了人工养鱼的范围。

6 多元交汇 百川纳海

上面我们概述了中国古代农业各个阶段的主要情况。从中我们可以看到，中国农业并非从单一中心起源而向周围地区辐射的。中国农业在其发生期即已分布于广阔的地域上,黄河流域是一个中心,长江流域也是一个中心,面貌不同,各有千秋,同为中华农业文化的摇篮。事实证明,我国农业是从若干地区同时或先后发生,因自然条件的差异逐步形成不同类型的农业文化(这种不同类型的农业文化又是不同民族集团形成的基础),并通过相互交流和相互促进,汇合为中华农业文化的洪流。这种现象,贯穿在我国农业起源与发展的全过程中,我们称之为多元交汇。

我国历史上不同类型的农业文化,可以区分为农耕文化和游牧文化两大系统。它们大体以长城为界,在地区上相互分立,在经济上却相互依存。两大农业文化的相互交流和碰撞,是中国古代农业史以至政治史的主要线索之一。在此过程中,农耕文化始终居于主导地位,而牧区对农区存在着较大的经济上的依赖性。游牧民族虽曾多次入主中原,但结局无一例外地被农耕文化所融合。而随着土地的垦辟,总的趋势是农区不断扩大,牧区不断缩小。

在农业文化内部,又有北方的旱地农业和南方的水田农业两种主要类型。其形成以秦岭、淮河南北自然条件的差异为基础,其发展则有赖于相互的交流和融会。中唐以前,华北旱地农业长期处于领先地位,这既是因为黄河流域土壤、地形、植被等条件有利于早期的开发,又与这里地处中原,便于吸收融会各地区各民族先进的农业文化因素有关。事实上,黄河流域的农业是在华夏族先民创造的粟作农业的基础上,吸收了南方的稻作文化、西部的麦作文化、北方的游牧文化的某些因素而充实发展起来的。南方水田农业起源甚早,但长时期停留在火耕水耨的阶段,至中唐以后,形成自有特色的水田精耕细作技术体系,并终于后来居上,超过北方旱地农业。这既由于这里的自然条件需要社会经济条件积累到一定程度才能充分发挥其潜在的优势,同时也是南北农业文化交流融会的结果。这两种农业文化的形成、发展,它们彼此的交流及地位的消长,是我国农业史的又一主要线索。

除了国内不同地区不同类型农业文化的交流外,还存在与国外农业文化的交流。这在我国动植物的驯化、引种和利用方面表现得十分明显。

　　我国历史上栽培植物和家养动物种类繁多。其中很大一部分是本土驯化①的。20世纪初，苏联著名遗传学家瓦维洛夫首创栽培植物起源多样性中心学说，把中国列为世界栽培植物八大起源中心中的第一中心。中国起源的栽培植物多达136种，占全世界666种主要粮食作物、经济作物以及蔬菜、果树的20.4%。以后作物起源学说陆续有所补充发展，而中国作为世界作物起源中心之一的地位始终为研究者所公认。我国又是家养动物的重要起源地。这许多本土起源的栽培植物和家养动物，并非汉族单独驯化的，而是中国境内各民族的共同创造。各民族在各自自然环境中驯化了不同的动植物，并通过彼此交流，融会到中华农业文化的总体中。我国的栽培植物和家养动物中，又有相当一部分，包括一些很重要的种类，如粮食中的小麦、玉米、高粱、番薯、马铃薯，纤维中的棉花，油料中的花生、芝麻等等，是从国外引进的。中国

---

　　① 所谓驯化是指人类把野生动植物变为栽培植物和家养动物的过程。农业是从动植物的驯化开始的。驯化动植物的多少，是衡量一个国家农业历史成就和贡献大小的一个重要标志。

人民不但善于创造自己的文化,而且善于吸收
外来文化。以小麦为例,它是原产于西亚冬雨区
的越年生作物,并不适应黄河流域冬春雨雪稀
缺的自然条件,也不适合南方稻田渍水的环境。
人们为了发展这种具有"续绝继乏"之功,又在
复种中处于枢纽地位的作物,在耕作、栽培、育
种、收获、保藏、加工等方面采取了许多特殊措
施,创造了一系列有关工具和技术。它从引进到
发展为我国第二大粮食作物,成为我国农业体
系中不可分割的一部分,足足花了 3000 多年时
间,克服了许多困难。它表明,中国人民是有吸
收外来文化的胸襟和能力的。在这里存在着不
同于国内地区间与民族间交流的另一种文化交
流:一方面,起源于我国的栽培植物和家养动物
陆续传到世界各地,另一方面,又不断从国外引
进栽培植物和家养动物的新种类、新品种,并用
传统技术把它们改造得符合中国的风土条件。
正是在这两种交流中,我国栽培植物和家养动
物种类日益丰富,农业文化不断提高,并对世界
农业发展作出贡献。根据学者的研究,在过去
150 年中进入西方的粮食、纤维及装饰作物,大
多来自日本,而日本的植物又几乎全部来自中

国。美国一位人类学家安德生（E. N. Anderson）甚至说："如果不是由于西方农民和食品购买者根深蒂固的保守观念，我们所输入的，或许还要多上几百种。对比之下，中国人（一向被认为是盲目地固守传统）却几乎借取了一切能够种在自己国土的西方植物。"这使我们想起林则徐的一副对联，其中有"海纳百川，有容乃大"的话，把它用在这里倒是很恰当的。

三

精耕细作 天人相参

——中国传统农业科学技术

ZHONG GUO

WEN HUA SHI

ZHI SHI

CONG SHU

从主要方面和发展方向看,我国传统农业科技的主要特点是精耕细作。它是近人对中国传统农法精华的一种概括,指的是一个综合的技术体系,包含了但不局限于精细的土壤耕作。它首先在种植业中形成,在大田和园艺生产中表现尤为突出,但在发展过程中,其基本精神也贯彻于畜牧、蚕桑、养鱼、林木等生产领域。这一技术体系,一方面以集约的土地利用方式为基础,另一方面又以"三才"理论为指导。这三个方面相互联系,紧密结合,构成一个完整的体系;这一体系也就是中国古代农学的中心。而中国古代农学思想集中体现在中国古代诸多的农书中,这些农书是我国农学遗产中可以稽查的主要部分,是我们今天研究传统农业技术和农学思想的主要依据。

1　丰富多彩、流传久远的古农书

(1) 古农书的产生

我国不但有悠久的农业历史，而且产生和保存了丰富的农学典籍。据北京图书馆主编的《中国古农书联合目录》统计，在西方近代农学传入我国以前，我国大小农书共出现 634 种，保存至今的有 300 余种（包括辑佚）。而近年来又发现许多以前所不知道的农书。这些农书可以区分为综合性农书和专业性农书两大类。在我国古代农业发展的每个时期，都有一些代表性农书，深刻地反映了当时的农业面貌和农学水平，成为中国古代农学发展各个阶段的标志。

我国战国的诸子百家中有农家。农家的来源，一部分是历代农官，他们负有劝督农业生产、组织修建沟洫等任务，另一部分是与农民有较多联系的平民知识分子，他们都积累了不少农业生产知识，并有专著。《汉书·艺文志》收录了农家著作九种，其中《神农》、《野老》为战国时作品，都没有保存下来。但成书于公元前 239 年的《吕氏春秋》中有《上农》、《任地》、《辩土》、《审时》四篇,《上农》讲农业政策,其他三篇讲农业技术,这是我国现存最早的一组农学论文。《任地》等三篇以如何把涝洼盐碱地改造为畎亩结构的农田为中心,阐述了土壤耕作、合理密植、中耕除草、掌握农时等技术环节,是先秦时代(主要是战国以前)农业生产技术的光辉总结。它第一次明确地阐述了农业生产中环境因素、人的因素和农业生物之间的辩证统一关系,是我国精耕细作农学的奠基之作。此外,成书于战国的《尚书·禹贡》和《管子·地员》篇,是水平颇高的农业地理和土壤学方面的著作。

（2）秦汉至南北朝高水平农书的问世

秦汉到南北朝最重要的农书有《氾〔fán 凡〕胜之书》、《四民月令》和《齐民要术》。

氾胜之是西汉末年人,做过汉成帝的议郎,曾在关中地区指导农业生产,成绩卓著。所著农书已佚,仅从其他古书中保存了片断,收集起来只有3500多字。它提出了"趋时、和土、务粪泽、早锄、早获"这一北方旱地耕作栽培的总原则,记载了在小面积土地上深耕细管、集中使用水肥以求高产的区田法,并具体论述了若干种作物的栽培技术。内容丰富。

公元 2 世纪（东汉末）著名政论家崔寔〔shí 石〕所著《四民月令》现今也只有辑佚本。它是农家月令类农书的代表作，反映了黄河流域地主田庄中的各项生产经营活动。

对两汉以来黄河流域农业生产技术作了最为系统而精彩的总结的，是公元 6 世纪（北魏）的《齐民要术》。这本书的作者是北魏人贾思勰〔xié 胁〕，他在写书的过程中，广泛收集历史文献和农谚中的有关资料，向老农和有经验的知识分子请教，并以自己的实践（观察和试验）来检验前人和今人的经验和结论。全书写得严谨、质朴、精到、详明，堪称后世农书的典范。《齐民要术》内容包括粮食、油料、纤维、染料、饲料、蔬菜、果树、林木的种植，以及蚕桑、畜牧、养鱼和农副产品的加工，以至烹调等。诚如作者所说，它"起自耕农，终于醯〔xī 希〕（醋）醢〔hǎi 海〕（肉酱），资生之业，靡不毕书"。书中所总结的耕—耙—耢—压—锄、种植绿肥、轮作倒茬和选育良种等原则与方法，标志着我国北方旱地精耕细作技术体系的成熟。此后 1000 多年，我国北方旱作技术的发展始终没有超越它所指出的方向

和范围。其中许多科学原理至今仍然有效。此书
虽以黄河流域农业为主,但篇末记载了100多
种有实用价值的热带亚热带植物,又是最早的
南方植物志之一。总之,《齐民要术》是我国最早
最完善的综合性农书,在中国和世界农业史上
居重要的地位。西方和东方的学者对《齐民要
术》的成就都给予了高度评价,研究的人越来越
多。如日本有所谓"贾学"。《齐民要术》已成为世
界人民的共同财富。

(3) 唐宋元农书的新发展

这一时期农学的发展,首先表现在农书数
量的增加。已知农书数量几乎是前代农书总和
的一倍。综合性农书中重要的有唐末韩鄂的《四
时纂要》;南宋的陈旉〔fū 肤〕《农书》;元代司农
司编的《农桑辑要》,王祯《农书》,维吾尔族人鲁
明善写的《农桑衣食撮要》等。

唐宋时代专业性农书大大增多,分科更细,
内容更专。比较重要的有唐陆龟蒙的《耒耜经》、
陆羽的《茶经》、李石的《司牧安骥集》,宋代秦观
的《蚕书》、赞宁的《笋谱》、陈翥〔zhù 柱〕的《桐
谱》、蔡襄的《荔枝谱》、韩彦直的《橘录》、陈景沂

的《全芳备祖》等。还出现一批劝农文和耕织图，它们以通俗的文字和图像介绍农业技术，或针对农业生产中的问题，提出解决办法，具有农业推广性质，是我国古农学的一种新形式。所有这些，难以一一尽述。下面只着重介绍两部最重要农书。它们的作者分别是陈旉和王祯。

陈旉（公元 1076—1154 年）生于北宋、南宋之交，居于长江下游地区，曾"躬耕西山"，"种药治圃"，有丰富的农业生产实践经验。他于绍兴十九年（公元 1149 年）写成的《农书》，是总结江南地区农业生产和经营管理经验的一本地区性农书。他写书的态度是不人云亦云，不因袭成论，必经自己实践检验证明切实可靠的才写下来。因此，该书虽然篇幅不大，范围较小，但充满新鲜经验和新鲜思想，这在《齐民要术》以后的综合性农书中，几乎是独一无二的。其中有对水田耕作栽培技术和各类土地合理利用的精辟论述，标志着南方水田精耕细作技术体系的成熟。它和《齐民要术》可算得是双星拱照，南北辉映。书中提出"盗天地之时利"和"地力常新壮"等命题，在传统农学的发展史上具有里程碑式的意义。

王祯(生卒年月不详)是元朝人,原籍山东东平,在安徽和江西当过县尹,对南北各地农业生产都比较熟悉,又是一位多才多艺的人。他在14世纪初写成的《农书》,第一次囊括了北方旱地和南方水田的生产技术,并作了比较,系统全面,源流清晰。尤其是全书约2/3的篇幅用以介绍260种"农器"(主要是农机具,也包括部分农产品加工工具和其他与农业有关的设施),每种农器有图一幅,文字说明一篇,并配上诗歌,真是图文并茂,洋洋大观,实为我国现存最古最全的农器图谱。

(4) 明清农书创作的繁荣

明清是农书创作繁荣、成果丰盛的时代。流传至今的明清农书有几百种之多,占我国农书总数的一多半。这些农书内容丰富、形式多样,其中不乏高水平的佳作。这是当时农业生产和农业技术继续发展的一种反映。在本时期的大型综合性农书中,最重要的是《农政全书》和《授时通考》。

《农政全书》刊刻于明崇祯十二年(公元1639年)。作者徐光启(公元1562—1633年)是

明末伟大的科学家，他虽曾官至礼部尚书兼东
阁大学士，但仕途坎坷，主要精力放在科学研究
上，对天文、数学、农学均有深入研究，是我国介
绍西方自然科学的第一人。农学是他用力最勤、
收获最丰的领域。他青壮年时一面读书教学，一
面参加农业生产，后来又在上海、天津等地进行
过广泛的农学试验，并收集了大量前代和当世
的农业资料，在此基础上用毕生精力写成的主
要著作《农政全书》，是一部50余万字的皇皇巨
著。全书分农本、田制、农事（以屯垦为中心）、水
利、农器、树艺（谷物、园艺）、蚕桑、蚕桑广类（木
棉、苎麻等）、种植（经济作物）、牧养、制造（农副
产品加工等）、荒政等十二目，内容比前代农书
大为拓宽。它有鉴别地搜罗了历代农书和农业
文献的精华，补充了屯垦、水利、荒政等前代农
书的缺环，总结了宋元以来在棉花、甘薯引种栽
培等方面的新鲜经验，又第一次把"数象之学"
应用于农业研究，通过对历史资料的统计分析
和实地观察，正确地指出了蝗虫的滋生场所，书
中还收录了反映西方近世科技成果的《泰西水
法》，堪称我国传统农书中体大思精、内容宏富、
继承与创新相结合的集大成之作。

《授时通考》成书乾隆七年（公元 1742 年），是清政府组织编纂的。全书分天时、土宜、谷种、功作、劝课、蓄聚、农余、蚕桑八门，汇集和保存了丰富的资料，但内容没有什么创新。

这一时期的综合性农书中，地方性小农书显著增多。最著名的有浙江的《沈氏农书》和《补农书》，四川的《三农记》，山东的《农圃便览》、《农蚕经》，陕西的《农言著实》，山西的《马首农言》等，不少是出于经营地主之手的实录性的经验总结，反映了各地区农业生产和农业技术的发展状况。

专业性农书也大量涌现。蚕桑类、畜牧兽医类专著最多，园艺、花卉、种茶、养鱼的农书也不少。有的内容很专门，如记载水稻品种的《稻品》，提倡在江南推广双季稻的《江南催耕课稻编》，论述新兴作物的《烟草谱》、《木棉谱》、《金薯传习录》等，种菌、养蜂、放养、柞蚕等都有专书。是人们为解决农业生产新问题，总结新经验而写的。还值得提出的是，在人多地少的条件下，人们追求小面积高产，纷纷进行区种法试验，于是出现不少以"区田"为名讲述区田法的农书，近人把它们收进《区种十种》中。人们总结抗灾救荒经验，又撰写了一批关于蝗虫防治和救荒植物的专书。以上两类农书均为前代所无。

还有一类农书偏重于理论分析，例如明代马一龙的《农说》》和清代杨屾〔shēn 申〕的《知本提纲》，用阴阳五行的理论解释农业生产，把传统农学理论进一步系统化，有相当高的水平。不过，它们还停留在以比较抽象的哲理来阐释农业生产现象，当时仍缺乏显微镜一类科学观察实验手段，难以深入探索农业生物内部的奥秘，形成建立在科学实验基础上的理论，这就不能不妨碍我国农学以后的进一步发展。

纵观我国古代农书，在卷帙浩繁、体裁多样、内容丰富深刻、流传广泛久远等方面，远远超过同时代的西欧①。这是我们的祖先给我们也是给全人类留下的宝贵遗产。

下面将分别对我国古代农学体系的主要内容加以介绍。

---

① 同时代的西方农书，就今所知不过几十种。其中相当部分属于古希腊罗马时期。中世纪晚期以前的，只有英国 13 世纪的《亨利农书》，其余很难找到了。至 16 世纪封建经济开始瓦解后，才又出现一批反映新时代风貌的农书。它们多为地方性农书，内容则以养畜业为主，园艺也占重要地位，大田作物的耕作栽培很少提及。

2　集约的土地利用方式

（1）"广种不如狭收"

土地利用是农业技术的基础,扩大农用地面积和提高单位面积农用地的产量(即土地生产率),是发展农业生产的两条途径。随着人口的增加,中国历代都在扩大耕地面积和农用地范围,但各个农业经营单位在考虑它的生产方针时,总是把重点放在提高单位面积产量上。起码战国以来就是这样。战国初年李悝〔kuī亏〕为魏相,颁行"尽地力"的教令,指出治田勤谨还是不勤谨,每亩将增产或减产三斗,在方百里可垦田600万亩的范围内,粮食总产的增减达180万石,幅度为20%。"尽地力",用现在的话来说就是提高土地生产率。荀子也认为,如好好种地,可以亩产"数盆"(盆是量器,合一石二斗八升),等于一年收获两次,潜力很大。

要通过提高单产来增加总产,就不能盲目地扩大经营规模。历代农学家无不提倡集约经营,少种多收。如贾思勰认为,"凡人营田,须量己力,宁可少好,不可多恶"(《齐民要术》)。陈旉主张"多虚不如少实，广种不如狭收"(《农书》)，并提出耕作规模要与"财力相称"。明代《沈氏农书》也主张"宁可少而精密，不可多而草率"。这种主张的产生不单纯因为人口增加、耕地紧缺和小农经济力量薄弱。人们在长期生产实践中认识到，集约经营、少种多收，比之粗放经营、广种薄收，在对自然资源的利用和人力财力的使用上都是更为节省的。《沈氏农书》以桑地经营为例，指出如果深垦细管，多施肥料，可以"一亩兼二亩之息，而工力、钱粮、地本，仍只一亩"。又引老农的话说："三担也是田，两担也是田，担五也是田，多种不如少种好，又省气力又省田。"

我国古代农业单产比西欧古代和中世纪高得多。西欧粮食收获量和播种量之比，据罗马时代《克路美拉农书》记载为四—五倍，据 13 世纪英国《亨利农书》记载为三倍。而从《齐民要术》看，我国 6 世纪粟的收获量为播种量的 24—200 倍，麦类则为 44—200 倍。据《补农书》记载，明末清初嘉湖地区水稻最高产量可达四—五石，合今每市亩 901—1126 市斤，比现今美国加利福尼亚州的水稻产量还高。我国古代农业的土地生产率，无疑达到了古代社会的最高水平。

（2）种无闲地与种无虚日

土地生产率与土地利用率[①] 关系密切。在"尽地力"思想的指导下，我国古代土地利用率不断提高，集中表现在以种植制度为中心的耕作制度的发展上。我国在原始农业时期很早就从生荒耕作制转为熟荒耕作制，在传统农业时期，早在战国时就从休闲制转为以连种制为主。而西欧一直到 18 世纪末仍维持着定期轮流休闲的三圃制。在连种制的基础上，我国古代劳动人民有许多出色的创造。

一是轮作倒茬[②]。一块地里如连续种植一种作物，往往会引起某种营养元素的匮乏和某些病虫害以至杂草的滋生，合理的换茬可以调节以至加强地力，减轻病虫害和杂草的危害。我国古代轮作的特点是广泛采用有肥地作用的豆料作物或绿肥作物与禾谷类作物轮作，方式又

---

① 土地利用率有两种含义：一种是指一个单位或一个地区已利用土地占土地总面积的比例；另一种是指耕地的利用强度，即复种指数。这里是用这个概念的后一种含义。

② 茬原指作物收获后留在耕地中的根部和残茎，倒茬指一种作物收获后换种另一种作物，又叫换茬。

灵活多样。

二是间作套种。间种是在同一块土地上成行或带状相间地种植两种或两种以上作物。套种则是指前季作物收获前在行间播种下一季作物,前季作物收获后,套种作物继续生长。这样做可以充分利用耕地和作物生长季节。它要求高秆与矮秆、喜阳与喜阴、深根与浅根以及生育期和对肥料需求不同的各种作物合理搭配,互不相妨,以至互相促进。两汉的《氾胜之书》已介绍在瓜地中间种薤〔xiè 泄〕即藠〔jiào 教〕头或小豆,在瓜成熟之前采收薤子或豆叶出卖的办法。《齐民要术》中有桑田间种芜菁、绿豆、小豆,麻子间种芜菁,大豆间种谷子等的记载。陈旉《农书》总结和推荐桑园间作苎麻的方式。明代出现了水稻套种、麦棉套种等新经验,到了清代间套种的方式就更加丰富多彩了。

三是多熟种植。我国中原地区早在战国秦汉已有复种制的萌芽(如冬麦收获后种禾、豆),岭南部分地区双季稻种植不晚于汉代。但这些都是零星的、分散的。复种制较大的发展是在宋代,当时经济重心所在的江南地区人民在水稻收获后种植小麦、豆类和油菜等。到了明清,江南稻麦复种制进一步发展。南方双季稻的种植更加广泛,并向长江流域扩展,部分地区出现二稻一麦的一年三熟制。在华北的许多地方,早在唐宋时已出现以麦作为中心的二年三熟制,至明清趋于定型,典型形式是秋收后种冬麦,麦后种豆,次年豆后种玉米、谷子、黍穄〔jì 继〕等,收获后仍种冬麦,依次循环。杨屾《修齐直指》中还记载了粮菜间套复种两年十三收的经验。

农业是依靠绿色植物吸收太阳光能转化为有机物质的。我国传统耕作制度的特点是多熟种植与轮作倒茬、间作套种相结合,一方面尽量扩大绿色植物的覆盖面积,以至"种无闲地";另一方面尽量延长耕地里绿色植物的覆盖时间,以至"种无虚日",使地力和太阳能得到充分的利用,以提高单位面积产量。这种耕作制度对水、肥和耕作管理的要求很高,并且必须十分熟悉各种作物的特性。

(3) 立体农业的雏形

间套作和轮作复种已是一种多物种、多层次的立体布局,这种充分利用土地的方法还可以从大田扩展到水体,从种植业扩展到多种经营。例如,汉代已出现利用陂塘灌溉种稻,塘内养鱼种莲,堤上植树的综合土地利用方式,考古工作者已发现许多反映这种情况的汉代陂塘水田模型。陈旉《农书》总结了高田凿池蓄水种稻,堤上植桑系牛的经验。明清时代,一些低洼地区(主要是长江下游和珠江三角洲)比较广泛地采取了堤塘生产方式:低洼地挖池,堆土为堤(或称"基"),池中养鱼,堤上植桑(或种果、蔗及其他作物),桑叶饲蚕,蚕矢(屎)饲鱼,池泥壅桑,循环利用。如珠江三角洲有桑基鱼塘、果基鱼塘、蔗基鱼塘、稻基鱼塘等。有的地方还加入了畜禽生产和大田生产的内容。如明嘉靖年间谭晓兄弟在江苏常熟开发荒洼地,最洼处凿为鱼池,次洼处种植菰、茈〔cí 词〕(荸荠)、菱、芡等水生植物,有条件的开成菜畦;池上架笼舍养鸡猪,利用其粪饲鱼,田地周围筑高塍,其上植梅桃诸果。据《补农书》等记载,明末清初浙江嘉湖地区形成"农—桑—鱼—畜"相结合的生产方式:圩外养鱼,圩上植桑,圩内种稻,又以桑叶饲羊,羊粪壅桑,或以大田作物的副产品或废脚料饲畜禽,畜禽粪作肥料或饲鱼,塘泥肥田种禾等。这些生产方式,巧妙地利用水陆资源和各种农业生物之间的互养关系,组成合理的食物链和能量流,形成生产能力和经济效益较高的人工生态系统,把土地利用率提到一个新的高度。

当前,在对中国式农业现代化道路的探索中,把传统经验与现代科技相结合,全国各地正在掀起研究和推广各种立体农业模式的热潮。立体农业的主要特点是多种生物共处与多层次配置,来提高资源利用率、土地产出率和产品商品率。这种立体农业的雏形,明清时代即已出现,它预示着农业发展的一种方向,具有深远的意义。

中国传统农业以提高土地利用率和土地生产率为其主攻方向,而这就是精耕细作技术体系的基础。集约的土地利用方式与精耕细作是互为表里的。

3　盗天地之时利——对环境条件的适应和改造

从农业的总体来分析,农业技术措施可以区分为两大部分:一是适应和改善农业生物生长的环境条件,二是提高农业生物自身的生产能力。我国农业精耕细作技术体系包括了这两个方面的技术措施。在本节中，我们先谈第一方面的措施。

（1）"食哉唯时"和"勿失农时"

《尚书·舜典》中有一句话，叫"食哉唯时"，意思是解决民食问题的关键是把握时令、发展生产。历代统治者总是把"敬授民时"作为施政的首务。春秋战国诸子百家尽管有诸多分歧，但在主张"勿失其时"、"不违农时"、"使民以时"方面，却是少有的一致。

为什么"时"受到如此的重视？这是因为农业是以自然再生产为基础的经济再生产，受自然界气候的影响至大，表现为明显的季节性和紧迫的时间性。这一特点，中国古代农业更为突出。中国古代农民和农学家农时意识之强为世所罕见。他们认为从事农业生产首先要知时顺天。《吕氏春秋·审时》提出"凡农之道，厚（候）之为宝"的命题，并以当时主要粮食作物为例，详细说明了庄稼"得时"和"先时"、"后时"的不同生产效果，指出"得时之稼"籽实多、出米率高、品质好，味甘气章，服之耐饥，有益健康，远胜于"失时之稼"。西汉《氾胜之书》讲旱地耕作栽培原理以"趣（趋）时"为首，明马一龙《农说》阐发"三才"理论以"知时为上"，等等。作为农时观念的产物，形成了中国特有的月令体裁农书，特点是根据每月的星象、物候、节气等安排农事和其他活动。它在中国农书和农学文献中中不但占有相当大的比重，而且是最早出现的一种，如《夏小正》。在其他体裁的农书中，也往往包含类似月令的以时系事的丰富内容。

中国古代农时意识之所以特别强烈，与自然条件的特殊性有关，也和精耕细作传统的形成有关。

黄河流域是中华文明的起源地之一，也是中国农学的第一个摇篮。它地处北温带，四季分明，作物多为一年生，树木多为落叶树，农作物的萌芽、生长、开花、结实，与气候的年周期节奏是一致的。在人们尚无法改变自然界大气候的条件下，农事活动的程序不能不取决于气候变化的时序性。春耕、夏耘、秋收、冬藏早就成为人们的常识。黄河流域春旱多风，必须在春天解冻后短暂的适耕期内抓紧翻耕并抢栽播种，《管子》书中屡有"春事二十五日"之说，春播期掌握成为农时的关键一环。一般作物成熟的秋季往往多雨易涝,收获不能不抓紧;冬麦收获的夏季正值高温逼熟,时有大雨,更是"龙口夺食"。故古人有"收获如盗寇之至"之说。黄河流域动物的生长和活动规律也深受季节变化制约。如上古畜禽驯化未久,仍保留某些野生时代形成的习性,一般在春天发情交配,古人深明于此,强调畜禽孳乳"不失其时"。大牲畜实行放牧和圈养相结合,一般是春分后出牧,秋分后归养,形成了制度,也是与自然界牧草的荣枯相适应。

随着精耕细作技术的发展和多种经营的开展,农时不断获得新的意义。如牛耕推广和旱地"耕、耙、耢"及防旱保墒耕作技术形成后,耕作可以和播种拉开,播种期也有更大的选择余地,而播种和耕作最佳时机的掌握也更为细致了,土壤和作物等多种因素均需考虑。如《氾胜之书》提出"种禾无期,因地为时"。北魏《齐民要术》则拟定了各种作物播种的"上时"、"中时"和"下时"。施肥要讲"时宜",排灌也要讲"时宜"。如何充分利用可供作物生长的季节和农忙以外的"闲暇"时间,按照自然界的时序巧妙地安排各种生产活动,成为一种很高的技巧。南宋陈旉

《农书·六种之宜》说："种莳之事，各有攸叙。能知时宜，不违先后之叙，则相继以生成，相资以利用，种无虚日，收无虚月，一岁所资，绵绵相继。"他认为农业生产是"盗天地之时利"，这种道家的语言出自这位农学家之口，带有主动攘夺、巧妙利用天时地利的意义。明清一些地方性农书的作者（多为经营地主），在他们的农事时间表上，农忙干什么，农闲干什么，晴天干什么，雨天干什么，都有细致的安排。

（2）物候、星象、节气

那么，中国古代人民是如何掌握农时的呢？

这有一个发展过程。对气候的季节变化，最初人们不是根据对天象的观测，而是根据自然界生物和非生物对气候变化的反应（如草木的荣枯、鸟兽的出没、冰霜的凝消等）所透露的信息去掌握它，作为从事农事活动的依据，这就是物候指时。在中国一些保持或多或少原始农业成分的少数民族中，保留了以物候为农时主要指示器的习惯，有的甚至形成了物候计时体系——物候历。我国中原地区远古时代也应经历过这样一个阶段。相传黄帝时代的少昊氏"以鸟名官"：玄鸟氏司分（春分、秋分），赵伯氏司至（夏至、冬至），青鸟氏司启（立春、立夏），丹鸟氏司闭（立秋、立冬）。玄鸟是燕子，大抵春分来秋分去，赵伯是伯劳，大抵夏至来冬至去，青鸟是鸧鹢〔cāngyàn 仓宴〕，大抵立春鸣，立夏止，丹鸟是鷩〔bì 必〕雉，大抵立秋来立冬去。以它们分别命名掌管分、至、启、闭的官员，说明远古时确有以候鸟的来去鸣止作为季节标志的经验。甲骨文中的"年"字是人负禾的形象，而"禾"字则表现了谷穗下垂的粟的植株，故《说文》讲"谷熟为年"。这与古代藏族"以麦熟为岁首"（《旧唐书·吐蕃传》）、黎族"以藷蓣之熟，以占天文之岁"（《太平寰宇记》）如出一辙，都是物候指时时代留下的痕迹。物候指时虽能比较准确反映气候的实际变化，但往往年无定时，"月"无定日，同一物候现象在不同地区不同年份出现早晚不一，作为较大范围的记时体系，显得过于粗疏和不稳定。于是人们又转而求助于天象的观测。据说黄帝时代已开始"历法日月星辰"（《史记·五帝本纪》）。当时测天活动是很普遍的，其流风余韵延至三代，顾炎武就有"三代以上，人人皆知天文"的说法。人们在长期观测中发现，某些恒星在天空中出现的不同方位,与气候的季节变化规律吻合,如北斗星座,"斗柄东向,天下皆春;斗柄南向,天下皆夏;斗柄西向,天下皆秋,斗柄北向,天下皆冬"(《鹖〔hé 和〕冠子》),俨然一个天然的大时钟。有人研究发现,我国远古时代曾实行过一种"火历",就是以"大火(即心宿二)昏见"为岁首,并视"大火"在太空中的不同位置确定季节与农时。但以恒星计时适于较长时段(如年度、季度),有时观测也会遇到一定困难;较短时段纪时的标志则莫若月相变化明显。于是又逐渐形成了朔望月和回归年相结合的阴阳合历。所谓朔望月是以月亮圆缺的周期为一月,所谓回归年是以地球绕太阳公转一次为一年。但回归年与朔望月和日之间均不成整数的倍数,十二个朔望月比一个回归年少 11 天左右,故需有大小月和置闰来协调。又,朔望月便于计时,却难以反映气候的变化。于是人们又尝试把一个太阳年划分为若干较小的时段,一则是为了更细致具体地反映气候的变化,二则也是为了置闰的需要。探索的结果最后确定为二十四节气。二十四节气是以土圭实测日晷为依据逐步形成的。不晚于春秋时已出现的分、至、启、闭是它的八个基点,每两点间再均匀地划分三段,分别以相应的气象和物候现象命名。二十四节气的系统记载始见于《周髀算经》和《淮南子》。它准确地反映了地球公转所形成的日地关系,与黄河流域一年中冷暖干湿的气候变化十分切合,比以月亮圆缺为依据制定的月份更便于对农事季节的掌握。它是中国农学指时方式的重大创造,至今对农业生产起着指导作用。

中国农学对农时的把握,不是单纯依赖一种手段,而是综合运用多种手段,形成一个指时的系统。如《尚书·尧典》以鸟、火、虚、昴四星在黄昏时的出现作为春夏秋冬四季的标志,同时也记录了四季鸟兽的动态变化。《夏小正》和成书较晚但保留了不少古老内容的《礼记·月令》,都胪〔lú 卢〕列了每月的星躔〔chán 缠〕、气象、物候,作为安排农事和其他活动的依据,后者还实际上包含了二十四节气的大部分内容。这成为后来月令类农书的一种传统。二十四节气的形成并没有排斥其他指时手段。在它形成的同时,人们又在上古物候知识积累的基础上,整理出与之配合使用的七十二候。春秋战国时代,人们还在长期天文观测的基础上,试图依据

岁星（木星）在不同星空区域中12年一循环的
运行,对超长期的气候变化规律以及它所导致
的农业丰歉作出预测。二十四节气作为中国传
统农学的主要指时手段,是和其他手段协同完
成其任务的。元人王祯在其《农书》中说:"二十
八宿周天之变,十二辰日月之会,二十四气之推
移,七十二候之变迁,如循之环,如轮之转,农桑
之节,以此占之。"他为此制作了"授时指掌活法
图",把星躔、节气、物候归纳于一图,并把月份
按二十四节气固定下来,以此安排每月农事。他
又指出该图以"天地南北之中气作标准",要结
合各地具体情况灵活运用,不能"胶柱鼓瑟"。这
是对中国农学指时体系的一个总结。

（3）"侔造化、通仙灵"的人工小气候

人们无法改变自然界的大气候,但却可以
利用自然界特殊的地形小气候,并进而按照人
类的需要造成某种人工小气候。我国人民很早
就在园艺和花卉的促成栽培上利用地形小气候
和创造人工小气候,从而部分地突破自然界季
节的限制和地域的限制,生产出各种侔天地之
造化的"非时之物"来。

早在秦始皇时代，人们已在骊山山谷温暖处取得冬种甜瓜的成功。唐朝以前，苏州太湖洞庭东西山人民利用当地湖泊小气候种植柑橘，成为我国东部沿海最北的柑橘产区。唐代官府利用附近的温泉水培育早熟瓜果。王建《宫词》说："酒幔高楼一百家，宫前杨柳寺前花。御园分得温汤水，二月中旬已进瓜。"

温室栽培最早出现在汉代宫廷中。《汉书》说，西汉时政府的"太官园"，在菜圃上"覆以屋庑〔wǔ武〕"，"昼夜燃蕴火"，冬天种植"葱韭菜茹"。这是世界上见于记载最早的温室，比西欧的温室早了1000多年。类似的还有汉哀帝时的"四时之房"，用来培育非黄河流域所产的"灵瑞嘉禽，丰卉殊木"。汉代温室栽培蔬菜可能已传到民间，有些富人也能吃到"冬葵温韭"了。唐代温室种菜规模不小，有时"司农"要供应冬菜2000车。北宋都城汴梁（今河南开封）的街市上，十二月份还到处摆卖韭黄、生菜、兰芽等。王祯《农书》记载的风障育早韭、温室囤韭黄和冷床育菜苗等，也属于利用人工小气候的范围。这种技术推广到花卉栽培，有所谓"堂花术"。南宋临安（今浙江省杭州市）郊区马塍盛产各种花

卉。凡是早放的花称堂花。方法是：纸饰密室，凿
地为坎，坎上编竹，置花竹上，用牛溲硫磺培溉；
然后置沸水于坎中，当水汽往上薰蒸时微微煽
风，经一夜便可开花。难怪当时人称赞这种方法
是"侔〔móu 谋〕造化、通仙灵"了。

在古代农业生产中，反常气候造成的自然
灾害，如水、旱、霜、雹、风等，一般是难以抵御
的，但人们还是想出了各种避害的办法。其中之
一就是暂时地、局部地改变农田小气候。例如，
果树在盛花期怕霜冻，人们在实践中懂得晚霜
一般出现在"天雨新晴（湿度大）、北风寒切（温
度低）"之夜，这时可将预先准备好的"恶草生
粪"点着，让它暗燃生烟，藉其烟气可使果树免
遭霜冻。这种办法在《齐民要术》中已有记载。清
代平凉一带还施放枪炮以驱散冰雹、保护田苗。

（4）土宜论与土脉论

土地是农业生产的基本要素之一。土地对
农业的重要性是不言而喻的。如前所述，中国古
代农学把土地视为万物之所由生，财富之所由
出，因此，"尽地利"成为农业生产的基本要求之
一。在长期与土地打交道的过程中，人们积累了

有关土地和土壤的丰富知识,逐步形成科学的体系。我国传统土壤学包含了两种很有特色而相互联系的理论,这就是土宜论和土脉论。

土宜或地宜的概念出现颇早。相传周族先祖弃就曾"相地之宜,宜谷者稼穑焉"(《史记·周本纪》)。春秋战国时期的许多古书中都谈到了土宜,难以遍举,从中可以看出,"相高下、视肥硗〔qiāo 敲〕、序五种"已成为农夫的常识,同时也是政府有关官员的职责。土宜的概念包括了不同层次的内容。《周礼·大司徒》:"以土宜之法,辨十二土之名物,以相民宅而知其利害,以阜人民,以蕃鸟兽(畜牧业),以毓草木(农林业),以任土事(郑注:就地所生,任民所能);辨十有二壤之物而知其种,以教稼穑焉。"古人把黄道周天划分为 12 次,每次各有其分野。所以,"十二土"非指 12 种土壤,而是指 12 个地区的不同土壤。土宜的第一层含义是重视农业的地区性,根据地区特点安排生产与生活。在同一地区内,则应按照不同土地类型(如山林、川泽、丘陵、坟衍、原隰〔xí 习〕,古所谓"五地")全面安排农牧林渔各项生产,这是土宜的第二层含义。按照不同土壤类别,安排不同的作物,则是它的第三层含义。土宜的概念,在后世农业中获得继承和发展,内容不断深化。就因土种植而言,不但作物选择,而且播种时间,耕作深浅和方式,施肥种类和方法等等,都要考虑土宜。

土宜论是建立在对不同土壤、不同地类及其与动植物关系的深刻认识的基础上的。中国在春秋战国时期已对土壤作出细致的分类。被李约瑟称为"世界最早的土壤学著作"的《尚书·禹贡》,根据土壤的颜色和质地把九州土壤分为十种,如黄土高原肥沃而疏松的原生黄土称黄壤;河北一带黄土因含盐碱物质较多呈白色,故称白壤;山东半岛丘陵地区富含腐殖质、肥沃而松隆的土壤称黑坟;土性坚刚的称垆〔lú炉〕;黏土称埴〔zhí 直〕;下湿土称涂泥等,据近人考证,其所述大体符合我国土壤分布状况。《管子·地员》则按肥力的高低把九州土壤为三等 18 类,每类五种,共 90 种。中国古代土壤分类的知识远远超出同时代的西欧。尤其值得注意的是,中国古代农学并非孤立地进行土壤分类,而是十分注意不同土壤、不同地类与不同的动植物的相互依存。《禹贡》在论述九州土壤类别地势高下的同时,也胪列了九州的植被和物产。《地员》更详列了各类土壤所宜生长的作物品种、果品、草木、鱼产和牲畜。它首次揭示了植物依地势高下垂直分布的特点,指出"凡草土之道,各有谷造,或高或下,各有草物"。《周礼·大司徒》还记载了辨别五类土地(山林、川泽、丘陵、坟衍、原隰)上生长的不同动植物的"土会之法"。不妨说,中国传统土壤学本质上是一种土壤生态学。

在作物生长的外界环境中,气候是人们难以控制和改变的,但土壤在很大程度上则是可以改变的,地形在一定程度上也是可改变的。因此,我国古代人民总是把改善农业环境条件的努力侧重在土地上。作为这种实践的结晶并为之提供理论根据的就是土脉论。《国语·周语》有这样的记载:古时候,大史顺应时令观察土壤动态,每年立春,当房宿(农祥星)晨悬中天,日月相会于"营室"所在天宇时,大地的气脉开始搏动,这时就要进行春耕。把土壤中的温湿度、水分、养分和气体的流动等性状概括为"土气"或"地气"这样一个笼统的概念,把土壤看成是有气脉的活的机体。这可视为战国时人对西周以来经验的总结。土壤气脉,在一定意义上可以理解为土壤的肥力,或土壤肥力的基础。这种土脉论为后世农学家所继承和发展,并把它和土宜论结合起来。如陈旉说:"土壤气脉,其类不一,肥沃硗埆〔què却〕,美恶不同,治之各有宜也。"(《农书·粪田之宜篇》)明马一龙径说:"土,地脉也。"(《农说》)这和我们现在所说的"肥力是土壤的本质"并不抵牾。

既然土壤有气脉,气脉有盛有衰,可损可益,那么,土壤的肥力状况就不是固定的,而是可以在人力的影响下变化的。《吕氏春秋·任地》:"地可使肥,又可使棘(瘠)。"上引《周礼·大司徒》职文分言十二土与十二壤,郑玄在其《周礼注》中解释说:"壤,亦土也,以万物自生焉,则言土;以人所耕而树艺焉,则言壤。"用现代土壤学术语说,土是自然土壤,壤是耕作土壤。当时人们已经认识到,通过人类的农业活动,可以使自然界土壤发生适合人类需要的变化。这在土壤学史上应是一个了不起的发现。《周礼·草人》还谈到"土化之法",这是指使土地变得肥美而适合农作需要。具体办法是什么呢?《周礼》谈得比较模糊,东汉王充却回答了这个问题。《论衡·率性》:"夫肥沃硗埆,土地之本性也。肥而沃者性美，树稼丰茂；硗而垆者性恶，深耕细锄，厚加粪壤，勉致人功，以助地力，其树稼与彼肥沃者相似类也。"在这里，作物产量的高低是衡量土壤肥力的综合指标，它不但肯定土壤肥瘠是人力可以改变的，而且明确指出"深耕细锄、厚加粪壤"是瘠土转化为沃土的条件。在这个基础上继续发展，孕育出著名的"地力常新壮"的理论。南宋陈旉批判了"地久耕则耗"的观点，他指出有人说田地种三五年地力就消乏，土敝气衰，草木不长，这是不对的；如果能经常添加新沃的土壤，施用肥料，田地就会越来越肥美，地力就能经常保持"新壮"的状态。这和西方古代的土地肥力递减论形成鲜明的对照，是中国传统农学最光辉的思想之一。陈旉又指出："虽土壤异宜，顾治之如何耳。治之得宜，皆可成就。"（《农书·粪壤之宜篇》）这和近代土壤科学所说的，"没有不好的土壤，只有拙劣的耕作方法"是一致的。

（5）巧借秋墒济春旱

中国古代农学对土地环境的改造是综合的，主要措施有耕作、施肥、排灌、农田结构改良和合理的耕作栽培制度等等。下面略作介绍。

耕作改土的理论基础正是土脉论与土宜论。《吕氏春秋·任地》："凡耕之大方，力者欲柔，柔者欲力；息者欲劳，劳者欲息；棘者欲肥，肥者欲棘；急者欲缓，缓者欲急；湿者欲燥，燥者欲湿。"这是土壤性状的五对矛盾，其中力柔是指土质的硬软，急缓是指土壤肥力释放的快慢。处理这些矛盾要求适度，防止偏颇。西汉《氾胜之书》进一步把上述要求概括为"和土"这样一个总原则。"和"是古人心目中自然界和社会秩序和谐的理想状态。"和土"就是力求土壤达到肥瘠、刚柔、燥湿适中的最佳状态。如坚固的土壤要反复"耕摩"，所谓"强土而弱之"，松软的土壤要反复"耕蔺（镇压）"，以至驱牛羊践踏，所谓"弱土而强之"。土壤以松紧适度、形成团粒结构者为佳。古人诚无团粒结构之概念，但在实际经验中懂得何种土壤状态最利于作物生长，他们用"和"这样一个笼统的概念来表达这种认识。抽象模糊的哲理性概念和具体细致的感性经验的结合，正是中国传统农学的特点之一。

通过耕作措施创造良好的土壤环境，以黄

河流域旱地耕作体系最为典型。由于黄河流域春旱多风，人们很早就懂得播种后立即覆土——"耰"〔yōu 优〕。春秋时人们明确提出"深耕疾耰"的技术要求。但早期的耕作只是即将播种时进行的简单的松土，耕和耰都是和播种不可分的。汉魏以来，随着牛耕铁犁的推广，始则出现畜力牵引的耱〔mò 莫〕和挞代替原来手工操作的耰，继之又出现了畜力耙，这样，耕作就可以在播种前反复进行。每次耕翻都要用耙把坷垃耙碎，然后用耱进一步把表土耱细耱平，切断土壤毛细管，避免水分蒸发，使土壤形成上虚下实、保水保肥性能良好的耕层结构。有了这套工具和方法，又可以通过秋耕蓄秋雨以济春旱，秋耕因而受到人们的重视。播种以后要及时镇压，这不但能使种土相亲，而且可以连通土壤的毛细管，把土壤中的水分提上来（提墒），以利出苗。出苗后则要进行及时而细致的中耕。中耕与否，是中国传统农业与中世纪西欧农业的重要区别之一。前面曾经谈到，西周时人们对中耕已很重视，以后人们又总结了一套锄早、锄小（草小时锄）、锄了、锄不厌数（不怕次数多）和按苗情墒情定锄法的技术。民谚说：锄头中有水又有火。可见中国农民早已认识到中耕既能抗旱又能提高地温促进庄稼生长。耕—耙—耱（耢）—压—锄，这是黄河流域旱地耕作技术体系的主要环节，由于有了这一精细而巧妙的耕作体系，黄河流域春旱的威胁在相当程度上获得了缓解。

（6）惜粪如惜金，用粪如用药

施肥是给作物生长创造良好土壤环境的另一重要措施。我国农业土地利用率的不断提高，是以恢复和培肥地力技术的进步为前提的。地力的恢复，在撂荒制下，完全依靠自然的过程；在休闲制下，已有人工干预的措施，如在休闲地上芟〔shān 山〕除草木，并用水淹或火烧，使之变成肥料。我国何时有意识地施用肥料，还有不同看法①，但施肥受到比较普遍的重视，显然是连种制开始代替休闲制的战国时代。当时人们要求"积力于田畴，必且粪（施肥）灌"（《韩非子》语），而"多粪肥田"已被认为是"农夫众庶"的日常任务了（《荀子》）。汉代人又把施肥和改土联

---

① 有人认为商代已开始施肥，也有人认为原始社会晚期长江下游局部地区已用河泥作肥料。

系起来。宋以后,随着复种制的发展,人们对施肥的增产作用和维持地力的作用认识更加深刻,人们认为"粪田胜于买田"(《农桑辑要》),甚至到了"惜粪如惜金"(王祯《农书》)的地步。"勤耕多壅(施肥),少种多收"(《补农书》)成为传统农业的基本原则。

为了多施肥料,人们千方百计开辟肥源,到了明清时代,在农书中有记载的肥料已达130多种。这些肥料,一部分来自自然界。例如,早在战国时人们就割取青草、树叶等烧灰作肥。以后又广泛利用草皮泥、河泥、塘泥等,水生萍藻也在人们收集之列。更多的来源于人类在农业生产和生活中的废弃物,诸如人畜粪溺、垃圾脏水、老坑土、旧墙土、作物的秸秆、糠秕、老叶、残茬,动物的皮毛骨羽等,统统可以充当肥料。人工栽培的绿肥是由天然肥发展而来的。汉代人们已懂得最好等待地上青草长出后翻耕,使青草烂在地里作肥。在这一启发下,人们逐步开始有意识种植绿肥。晋张华《博物志》中谈到岭南人在稻田中冬种苕〔tiáo 条〕子,是关于人工绿肥的最早记载。绿肥出现后,被广泛种植于夏闲地,实行粮肥轮作,我国农田施肥的范围就大大扩展了。榨油后的枯饼、酿造后的渣糟,也属"废弃物"范围。陈旉《农书》首次记载用"麻秔〔shēn伸〕"作肥料,以后这种肥料也增至几十种。饼肥成为化肥传入以前最为优质高效的商品肥。我国传统农家肥以有机肥为主,但封建社会后期石灰、石膏、硫磺等无机肥料也开始使用。

肥料要经过沤制加工,促其发酵腐熟,以提高肥效,古称"酿造"。施肥方式与技术也很讲究,有种肥、基肥和追肥。如何施肥才能用最小工本取得最大效果?人们强调要看时宜、土宜和物宜,把施肥比作对症下药,即所谓"用粪如用药"(陈旉语)。

用地和养地相结合是我国农业的优良传统。我国古代之所以土地利用率不断提高而地力长久不衰,重视施肥、精耕细作和合理的轮作倒茬是最重要的原因。

(7) 合理排灌与土壤环境的改良

农田的合理排灌对改善土壤环境也是很重要的。举例说,黄河流域先秦时代的沟洫制,就是通过开挖排水沟洫,形成长条型垄台,结合条播、合理密植、间苗除草等措施,建立行列整齐、通风透光的作物群体结构,不仅改变了涝渍返碱的土壤环境,而且创造了良好的农田小气候。战国以后,农田灌溉发展起来。人们往往用引水淹灌并改种水稻的办法洗盐,或者利用北方河流含沙量高的特点灌淤压碱。漳水十二渠和郑国渠在这方面都做得十分成功,使"千古斥卤(盐碱地)"成为亩产一钟的良田。西汉贾让曾对此总结说:"若有渠灌,则盐卤下湿,填淤加肥,故种禾麦,更种杭稻,高土五倍,下田十倍。"(《汉书·沟洫志》)北宋王安石变法期间也曾在黄河流域大规模放淤压碱。南方梯山围水,也包含了通过适当排灌,改善土壤水分状况的措施在内。南方水稻田的水浆管理,既要满足水稻生长各阶段对水的需要,又要避免稻田因长期渍水而温度不足、通气不良的弊病。陈旉《农书》记载江南水稻耘田采取"旋干旋耘"的办法,耘过的田,要在中间和四傍开又大又深的沟,把水放干,至田面坼裂为止,然后再灌水。这样做,就是为了提高地温,促进氧化。陈旉说这"胜于用粪"。这种开沟烤田的办法,至今仍流行于苏南地区,农民称之为丰产沟。为了改善水稻田土壤结构,又有犁冬晒垡,水旱轮作,在冬水田上开腰沟排水等项措施。至于秧田排灌管理，就更为细致了。

（8）高产栽培法与低产田改造

在综合运用耕作、施肥、灌溉等项技术方面，我国古代还创造了一些特殊的高产耕作栽培法。如西汉赵过创造代田法，把六尺宽的亩作成三沟三垄，种子播在沟中，出苗后锄垄土壅苗，渐至垄平，这样做可以防风抗旱。同时又采取耦犁作垄，耧车条播等措施，大大提高了劳动生产率。垄和沟的位置年年轮换，也就是耕地中利用部分和闲歇部分轮番交替，代田法由此得名。这样做，耕地得以劳息相均，用养兼顾。代田法曾在西汉都城长安所在的关中地区和西北边郡屯田区推行，收到明显增产效果。后来由于牛耕的普及和耕—耙—耱—压—锄抗旱保墒耕作技术体系的形成，黄河流域一般已不需要采用垄沟种植的形式。

始见于《氾胜之书》的区田法，是把农田作成若干宽幅或方形小区，采取深翻作区、集中施肥、等距点播、及时灌溉等措施，夺取高产丰产。它不一定要求有成片的耕地，不一定采取铁犁牛耕，但要求投入大量劳力，比较适合缺乏牛力和大农具、经济力量薄弱的小农经营。据《氾胜之书》记载，区田可以达到"亩产百石"。从历代试验包括解放后试验的材料看，区田法确能抗旱高产，但产量未必如《氾胜之书》宣传的那么高，而且费劳力太多，难以大面积推广。倒是遇到牛疫或旱灾时，不失为救急济贫的良法。

清代耿荫楼还设计过一种"亲田法"，每年轮流在全部耕地中选出部分耕地，加倍精耕细作、施肥灌水，既能旱涝保收，又能轮流培肥地力。

我国古代劳动人民在改造低产田方面是下了不少工夫的。华北多盐碱地，除上文谈到的沟洫排盐、种稻洗盐、放淤压盐之外，还有种植苜蓿、耐盐树种治盐和深翻窝盐等办法。南方多冷浸田，又有犁冬晒垡，开沟烤田，熏土暖田和施用石灰、骨灰、煤灰等办法。

甘肃干旱贫瘠山区还创造一种"砂田"。土地耕后施肥，分层铺上砂石，造成保温、保水、压盐的土壤环境，这种田收成甚好，但造田和改铺要花费大量劳力，堪称农业技术史上的一项奇迹。

中国现有的许多耕地原来的条件并不好，是历代人民加以改造才成为良田的。这样的土地国外是很少利用的。这一事实表明中国人在与大自然的斗争中是有高度智慧和毅力的。

4   参天地之化育——着力提高农业生物的生产能力

中国古代农业在提高农业生物自身生产能力方面也积累了丰富的经验，创造了精湛的技术。

（1）去劣培优结硕果

选育良种是人类改变农业生物的性状（包括克服不利性状和加强有利性状），使之适应自然环境和人类需要的主要手段之一。从《诗经》看，西周时人们已有"嘉种"即良种的概念，已经培育出粟和黍的不同品种，已经用成熟期的早晚和播种期的早晚区分不同品种类型。战国人白圭说："欲长钱，取下谷；长石斗，取上种。"（《史记·货殖传》）意思是：想赚钱，要收购便宜的粮食；想增产粮食，要采用好种子。表明人们已认识到采用良种是最经济的增产方法。我国传统的选种方法是：年年选种，以积累优良性状；经常换种，以防止退化。《氾胜之书》已有从田间选取强健硕大的禾麦穗子作种（穗选法）的记载。《齐民要术》又强调了种子要纯净，指出混杂的种子有成熟期不一、出米率下降等弊病。为此，要把选种、繁种和防杂保纯结合起来。书中介绍的方法是：禾谷类作物要年年选种，选取纯色的好穗子，悬挂起来，开春后单独种植，加强管理，提前打场，单收单藏，作为第二年的大田种子。这种方法类似现在的种子田，其原理和近代混合选种法一致，而比1867年德国育种学家仁博首次运用这种方法改良黑麦和小麦早了1300多年。

为了保持和提高种子的生命力，还要注意种子储藏时保持干燥，防止生虫。播种前一般用水选法除去秕粒，然后晒种，有时还采用药物拌种、浸种催芽等方法。这些在古书中有很多记载。

我国古代另一种育种法是单株选择法，又叫"一穗传"，清代文献中有此记载。它是选取一个具有优良性状的单株或单穗，连续加以繁殖，从而培育出新品种来。清朝康熙皇帝用此法选育出著名的早熟御稻，曾作为双季稻的早稻种在江浙推广。

我国古代农业在长期的发展中培育和积累了大量作物品种资源。早在成书于战国的《管子·地员》篇中，已有各类作物品种及其适宜土壤的记载，晋代《广志》和北魏《齐民要术》对作物品种的记述，无论数量和性状都有很大发展。到了清代，仅官修大型农书《授时通考》中收录的部分省市县的水稻品种即达3000个以上。丰富的、各具特色的品种资源，不但满足人类生产生活上的各种需要，而且是育种工作的基础，对农业的今天和明天，具有不可估量的意义。

（2）人力回天的无性繁育技术

在园艺、花卉、林木生产中，人工无性繁育技术获得广泛应用。在这方面最早采用的方法大概是某些块根块茎类作物（如薯蓣和芋）和蔬菜（如韭菜）的分根繁殖，但缺乏早期的明确记载。《诗经》中有"折柳樊圃"（把柳枝折断插在菜圃周围作樊篱）的诗句，这是关于扦插的最早记载。东汉崔寔《四民月令》说："正月可以掩树枝"，即把树枝埋入土中，让它生根，明年用以移栽。这是用高枝压条取得扦插材料的方法。在《齐民要术》中，多种果树和桑树都可采用"栽"即插条的方法繁殖。

嫁接是在扦插技术基础上出现的人工无性杂交法。其起源不晚于战国。春秋战国时流行"橘逾淮而北为枳"的说法。枳和橘类缘相近而较耐寒，当时南方的橘农应有用枳作砧木、用橘作接穗的嫁接技术；当人们把这样培育出来的橘树从南方移植到北方时，接穗（橘）因气候寒冷而枯萎，而砧木（枳）却能继续存活，北方人不知其所以然，误以为橘化为枳。东汉许慎著的《说文解字》中收有"椄〔jiē 接〕"字，是专门用以表示树木嫁接的；后接字流行，椄字才少用了。《氾胜之书》介绍了葫芦靠接结大瓜的经验。《齐民要术》对梨树嫁接的原理和方法作了详细说明。唐韩鄂《四时纂要》记述了种间嫁接需亲缘相近才易成活的指导原则。元代王祯《农书》总结了桑树的嫁接方法，计有身接、根接、皮接、枝接、靥〔yè 页〕接等六种。指出嫁接的好处是："一经接博，二气交通，以恶为美，以彼易此，其利有不可胜言者。"嫁接技术被应用于花卉盆景的培养，给人们展示了一个奇妙的艺术世界。清陈淏〔hào 号〕子在《花镜》一书中说：运用嫁接方法，"花小者可大，瓣单者可重，色红者可紫，实小者可巨，酸苦者可甜，臭恶者可馥〔fù 付〕，是人力可以回天，唯接换之得其传耳。"

中国古代人民人工无性繁殖的实践在当时世界上是最丰富的。人工无性繁殖比有性繁殖结果快，能保持栽培品种原有特性，又能促进新的变异产生，培育出大量新品种。我国所创造出的重瓣花（桃、梅、蔷薇、木香、牡丹、芍药、木芙蓉、山茶等）和无子果实（柿、柑橘、香蕉等），种类繁多，品质优异，引种到世界各地，成为世界的珍品。

（3）动物杂交育种的丰富实践

驯养动物去劣存优的人工选择一向为我国人民所重视。《齐民要术》总结了选择母畜和幼畜的经验。如要选择腊月至正月出生的羊羔作种，因为这时下羔的母羊怀孕时正值秋季草肥，故健壮多乳，而小羊断奶时又可接上春草。至今我国西北牧区仍有选留冬羔作种的习惯。在选留种畜时，我国古代劳动人民很重视外形的鉴别。适应这种需要产生了相畜学,这是根据家畜家禽外形特征鉴别其优劣的学问。春秋时代我国涌现了伯乐、宁戚等一批著名的相马和相牛的专家,汉代也有以相马、相牛、相猪等立名的。《汉书·艺文志》收录了相六畜的著作。东汉马援铸造的铜马式,则是我国第一个良种马鉴别标准模型。相畜学在我国古代获得高度发展。

种内杂交是人类干预动物遗传变异的最常用的方法。西汉时政府为了提高军用骑乘马的素质,从西域引入乌孙马、大宛马等良种马。唐代广泛从北部西部少数民族地区引入各种良种马,各种马都有一定印记,并建立了严格的马籍制度。当时的陇右牧场成为牲畜杂交育种基地。史称唐马"既杂胡种,马乃益壮"。在当时官营牧场之一的、位于今陕西大荔县的沙苑监,由于这里牧养了各地的羊种,又有优越的水草条件,培育出皮、毛与肉质俱优的同羊,至今仍是我国优良的羊种。

我国少数民族还有动物种间杂交育种成功的实践。如蒙古草原匈奴等游牧民族的先民用马和驴杂交育成了骡,是具有耐粗饲、耐劳役、挽力大、抗病力强等优点的重要役畜。藏族人民用黄牛和牦牛杂交,育成肉、乳、役力均优于双亲的杂交后代——犏〔piān 偏〕牛。时间在公元 6世纪以前。

我国人民对金鱼的人工选择也值得一提。金鱼是在人工饲养条件下由金鲫鱼演化而来的,南宋时始见于记载,明弘治年间(公元 1488－1505 年)开始外传,现在已成为遍及全球的观赏鱼。达尔文曾系统地描述了中国对金鱼人工选择的过程和原理,并指出中国人在各种植物和果树方面也运用这些相同的原理。

(4) 物性与物宜

中国古代农业提高农业生物自身生产能力的措施,除努力培育高产、优质或适合人类某种需要的家养动植物种类和品种外,还根据农业生物的特性采取相应的措施。两者都是以日益深化的对各种农业生物特性的正确认识和巧妙利用为基础的。

中国古代人民对各种农业生物外部形态、生活习性及其对外界环境的要求的观察,是相当深入细致的,并据此采取不同的技术措施,以求取最好的生产效果。如甲骨文中"禾"、"黍"二字分别为粟和黍的象形，正确把握了前者攒穗、后者散穗的特征，表现得惟肖惟妙。从《诗经》等古籍看，古人早就发现大麻是雌雄异株的植物，并分别加以利用，雌麻称苴，其子称蕡，可供食用，列于"五谷"，雄麻称枲，其表皮充当衣着原料。后来又了解到雄麻有花无实，而雌麻是靠雄麻授粉而结实，因此要待雄麻散放花粉后才能收割雄麻，否则雌麻就不能结子。对植物特性的这些认识，在当时世界上是居于先进之列的。《齐民要术》中多有关于各种农业生物的"性"、"质性"、"天性"的记载，栽培管理措施视其"性"之不同而各异。例如韭菜"根性上跳"，所以要开极深的畦；又"韭性多秽"，即爱长草，所以"薅〔hāo 蒿〕令常净"。蜀芥、芸苔、芥子"性不耐寒，经冬则死"，因此要收子的"须春种"。又如牲畜饲役使的总原则是"服牛乘马，量其力能；寒温饮饲，适其天性"。诸如此类的事例不胜枚举。这也成为中国农学的一种传统。

农业生物各有不同特点，需要采取不同栽培管理措施——人们把这概括为"物宜"。"物宜"这一概念，战国时《韩非子》中已经出现。明清时，人们把"物宜"和"时宜"、"地宜"合称"三宜"。明马一龙《农说》在解释"知时"、"知土"时说："时言天时，土言地脉，所宜指稼穑。力之所施，视以为用。……合天时、地脉、物性之宜而无所差失，则事半而功倍矣。"这里所说的"物性之宜"显然是指庄稼而言的。这是首次明确把"物宜"纳入"三才"理论系统中。清杨屾《知本提纲》谈移栽时要求"燥湿从乎本性"，"疏密顺其元情"，谈施肥要求除注意时宜、土宜外，还要注意物宜。"物宜者，物性不齐，各随其情"，并强调"因物验试，各适其性"。

（5）抑此促彼，为我所用

提高农业生物的生产能力非仅育种一途。农业生物的营养生长与生殖生长之间，各个不同的生长部位和生长时期之间，是相互关联的，巧妙地利用这种关系，就可以按照人类的需要控制它的发展方向，提高它的生产能力。

《氾胜之书》曾推荐秋天锄麦后，拖着棘柴耙耧，把土壅在麦根上的办法，还引用了"子欲富，黄金覆"的农谚。这既有保墒保暖的作用，也是为了抑制小麦的冬前生长。因为人们认识到小麦冬前过旺,会影响明春小麦返青后的生长,现在北方农村还有"麦无两旺"的说法。《齐民要术》中记载有"嫁枣法"和"枣树振狂花法"。前者是用斧背疏疏落落地敲击树干,使树干韧皮部局部受伤,阻止部分光合作用产生的有机物向下输送,使更多的有机物留在上部供应枝条结果,从而提高产量和质量。林擒、李树等也用类似方法。现代果树生产中的环剥法,就是由此演变而来的。后者是在大蚕入簇的时候,用木棍打击枝条,振落过多的花朵,既可确保坐果率和使果实变大,又可起辅助授粉作用。这种方法在华北农村一直沿用至今,而现代果树生产中广泛应用的疏花疏果技术,亦与此有渊源关系。在我国古代农业生产中,瓜类的摘心掐蔓,棉花的打顶整枝,桑、茶、果树的修剪整形,与此相似,都是利用作物生长各阶段、各部位的相互关联,抑此促彼,而为我所用的。

　　动物生产中也有类似的方法。如宋代文献中载有用人工强制换羽控制鹅产卵时间的方法。因为夏天太热,不好抱窝,这时拔去鹅两翅的 12 根翮〔hé 河〕羽,鹅就停止产蛋,把产蛋期延至八月。我国古代提高畜禽生产能力的另一项特殊成就是阉割术的广泛应用。它起源很早，甲骨文中已有反映阉猪、骟〔shàn 扇〕马的象形字。《夏小正》和《周礼》都有骟马的记载，叫作"攻驹"或"攻特"。《说文解字》中收有分别表示经过阉割的马（骣〔chéng 成〕）、牛（"犗"〔jiè 介〕、"犍"〔jiān 艰〕）、猪（"豮"〔fén 坟〕）、羊（"羠"〔yí 移〕）、犬（"猗"〔yī 依〕）的专字。以后又出现了表示阉鸡术的专称——镾〔xiàn 献〕。摘取性腺（包括睾丸和卵巢）后的畜禽，失去了生殖能力，但性情温顺，易于育肥和役使。阉割术既是选择种畜时汰劣留壮的一种手段，又是提高畜禽生产能力巧妙而经济的方法。我国一些少数民族也有高超的阉割术，汉代画像砖中就有胡人阉牛的形象。蒙古人则把留作种马外的公马全部骟了，这是与选留良种相结合的措施。

（6）巧因物情，化害为利

在农业生态系统中，各种生物不是彼此孤立，而是相互依存和相互制约的，人们对这种关系巧妙地加以利用，也可以使它向有利于人类的方向发展，从总体上提高农业生物的生产能力。

　　我国在种植业方面所创造的丰富多彩的轮作倒茬、间套混作方式，就是建立在对作物种间互抑或互利关系的深刻认识上，从而顺应物情，趋利避害。如陈旉推荐桑树下种苎麻，由于桑根深，苎根浅，"并不相妨"，而且给苎麻施肥时，桑亦获得肥料，对两者都有好处。贾思勰提倡槐树籽和大麻籽混播，不但在槐树苗长大前增加生产物，而且可以利用大麻直立生长的特点，迫使槐树也直立生长。楮〔chǔ 楚〕树籽和大麻籽混播，到了冬天可以利用大麻植株为楮树苗保暖。

　　在畜牧业方面，利用人类不能直接食用的农作物秸秆糠秕饲畜，畜产品除供人类食用外，其粪溺皮毛骨羽用于肥田，还利用畜力耕作，这已是基于农牧互养关系的多层次的循环利用，虽然是属于比较低级的形式。稻田养鱼，鱼吃杂草，鱼屎肥田，鱼稻两利，亦属此列。在池塘养鱼中，我国古代普遍实行草鱼、鲢鱼等鱼类混养。古人指出混养的好处是，"草鱼食草，鲢则食草鱼之矢（屎），鲢食矢而近其尾，则草鱼畏痒而游，草游，鲢又随觅之。凡鱼游则尾动，定则否，故鲢草两相逐而易肥。"（《广志绎》）这是对某些鱼类共生优势的利用。

　　生物间的互抑也可以化害为利,使之造福于人。人们利用桑树最初是采吃桑椹,这时专以桑叶为食的蚕真是为害不浅,但当人们转而利用蚕茧缫丝后,它就由残桑的害虫转化为"功被天下"的益虫了。水獭是鱼类天敌,人工鱼池的祸害,但当人们饲养它来捕鱼时,它就转化为人类的助手了。鱼鹰捕鱼也属此列。我国人民对自然界各种生物之间相互制约的现象的认识和利用是很早的。例如上古时代人民把猫和虎作为大蜡礼中报祭的对象之一,因为他们知道猫和虎能捕食农田中的害兽——田鼠和田豕。这种经验的发展,产生了我国传统农业中颇有特色的生物防治技术。西晋人嵇含所著《南方草木状》等书中记载我国南方地区有人饲养并出售黄猄〔jīng 京〕蚁用以防治柑橘树的害虫,被外国学者称誉为世界上生物防治的最早事例。我国古代保护益鸟,养鸭治蝗和养鸭治稻田蟛蜞〔péngqí 彭其〕(螃蟹类,体小,生长在水中,是稻田中害虫)等,都是利用生物间的互抑关系来为农业生产服务的。

5 以"三才"理论为核心的 农学思想

中国传统农业科学技术是建立在直观经验基础上的,但并不局限于单纯经验的范围,而是形成了自己的农学理论。这种农学理论是在实践经验基础上形成的,表现为若干富于哲理性的指导原则,因而又可称为农学思想。"三才"理论是它的核心和总纲,中国古农书无不以"三才"理论为其立论的依据。

"三才"指天、地、人,或天道、地道、人道。该词最初出现于战国时的《易传》中,但这种思想可以追溯到更早的时代。作为中国传统哲学的重要概念,"三才"理论把天地人当作宇宙构成中的三大要素,并以此作为分析框架应用于各个领域。对农业生产中天、地、人关系的明确表述,则始见于《吕氏春秋》的《审时》篇:

> 夫稼,为之者人也,生之者地也,养之者天也。

"稼"指农作物,扩大一些,也不妨理解为农业生物,这是农业生产的对象。"天"和"地",在这里并非有意志的人格神,而是指自然界的气候和土壤、地形等,属农业生产的环境因素。而人则是农业生产的主体。因此,上述引文是对农业生产中农作物(或农业生物)与自然环境和人类劳动之间关系的朴素概括,它把农业生产看作稼、天、地、人诸因素组成的整体。我们知道,农业是以农作物、畜禽等的生长、发育、成熟、繁衍的过程为基础的,这是自然再生产,但这一过程又是在人的劳动干预下、按照人的预定目标进行的,因而它又是经济再生产。农业就是自然再生产和经济再生产的统一。作为自然再生产,农业生物离不开它周围的自然环境;作为经济再生产,农业生物又离不开作为农业生产主导者的人。农业是农业生物、自然环境和人构成的相互依存、相互制约的生态系统和经济系统。这就是农业的本质。《吕氏春秋·审时》的上述概括接触到了农业的这一本质。

"三才"理论把农业生产看作各种因素相互联系的、动的整体。它所包含的农业生产的整体观、联系观、动态观,贯穿于我国传统农业生产技术的各个方面。下面举若干例子予以说明。

我国古代人民在长期趋时营农的实践中,

逐步认识到气候变化中各种气象因子的相互关系,从而加深了对"时"的本质的认识。《尚书》中有《洪范》篇,是周武王克商后箕子向他陈述的天地大法。其中把"时"概括为雨、旸〔yáng 阳〕(日出为旸)、燠(暖)、寒、风五种气候因素,相当于现在所说的降水量、日照、湿度、温度、气流等,这五种因素按一定数量配合,依一定次序消长,万物为之繁盛。如果某种因素太过或不及,都不利于作物的生长。春秋时代发展为"六气"的概念。"气"是一种流动的精微物质,它构成"天"的本质,而"时"则是"气"运行所呈现的秩序。后来,按气候变化的时序性制定的历法节气也被称为"时"。陈旉《农书》说:"万物因时受气,因气发生,时至气至,生理因之。"这里的"时"就是指历法中规定的四时八节二十四节气等;"气"则指温度、水分、光照等气候因素。二十四节气等是根据气候变化规律制定的,但它既已固定下来,就不可能毫无误差地反映每年气候的实际变化,难免有"时至而气未至"或"气至而时未至"的现象发生。这时,刻板地按照历法中的"时"安排农事,就会碰壁。因此,不但要"稽之天文",而且要"验之物理",把农事安排在适应气候实际变化的基础上。

　　早在先秦时代，人们就认识到在一定的土壤气候条件下，有相应的植物和生物群落；而每种农业生物或其品种都有它所适宜的环境。《考工记》："橘逾淮而北为枳，鸲鹆〔qúyù 渠玉〕不逾济，貉逾汶则死，此地气然也。"这就是中国古代的风土论。所谓风土，王祯《农书》的解释是"风行地上，各有方位，土性所宜，因随气化"，这实际上是指各地不同的气候和土壤。各地风土各别，"物产所宜者，往往而异"。反过来说，生物各异的特性，是不同环境条件自然选择的结果。清陈淏子在《花镜》中说："生草木之天地既殊，则草木之性情焉得不异？"似已模糊地认识到这一点。这种风土论是有道理的，但不应把它固定化和绝对化。人们在长期引种和育种实践中，逐步认识到农业生物和风土条件的关系并非固定不变的。北魏贾思勰通过实地考察，看到了作物引种到新的环境后会引起变异，如山西并州从河南朝歌引进的大蒜退化为百子蒜，从外地引进的芜菁块根却变大。同时他又看到作物具有逐步适应新环境的能力。他以山东青州引种四川的花椒为例："此物性不耐寒，阳中之树，冬须草裹,不裹即死;其生小阴中者,少禀寒气,则不用裹。所谓习以性成。"(《齐民要术·种椒第四十三》)这里的"习"指对新环境条件的逐步适应,"性"则指不同于原来的新特性。事实上,历史上引种的成功,都是农业生物在人工的辅助下"习以性成"的结果。元代,政府在中原推广棉花和苎麻,有人以风土不宜为由加以反对。《农桑辑要》的作者之一孟祺专文予以驳斥。文中列举我国历史上引种成功的事例,说明在人的干预下,能够改变农业生物原有的某些习性,使之适应新的环境,从而突破原有的风土限制。这种有风土论而不唯风土论的意义,在于指出农业生物的特性是可变的,农业生物与环境的关系也是可变的。这显然是人们从长期驯化、引种和育种的实践中积累了丰富的经验而在理论上所作的概括。

在这种整体观的指导下,人们看到了生物体这一部位与那一部位之间,这一生育阶段与那一生育阶段之间的关联,看到了农业生态系统内部各种生物之间的关联,并加以利用。上面我们已经谈到不少这方面的事例,在这里可以再列举一些。例如贾思勰在论述作物品种时指出：禾谷类作物的矮秆品种高产早熟，但往往品质欠佳；高秆品种低产晚熟，但往往品质优良。这里说的是作物植株外部形态与产量质量的关系，其观察的敏锐和正确，使现代育种家为之惊叹。中华人民共和国成立以来，我国水稻产量的提高，在相当程度上得力于一批水稻矮秆高产良种，现在，小麦矮秆良种的推广又已经和继续为小麦增产开辟广阔的前景；而矮秆品种产量与质量的矛盾，至今仍是育种工作者需要努力解决的问题。相畜术也是从畜禽外部形态推断其内在品质的。我国现存最古的中兽医学专著——李石的《司牧安骥集》说：善于相马的人，掉换一下缰绳的工夫就能够指出哪些马是好马，"自非由外以知内，粗以及精，又安能始于形器之近，终遂臻于天机之妙哉"！这与中医以望闻问切，知腑脏病变，有异曲同工之妙，都反映了中国人特有的整体观的思维方式。我们的祖先不但注意农业生物的个体，而且注意农业生物的群体。例如我国现存最早的农学论文《吕氏春秋》中的《任地》、《辩土》篇等，即主张在畎亩农田的基础上实行条播、合理密植和中耕间苗，使作物行列整齐，通风透光，有足够的生长空间，长大后能相互扶持,这就形成合理的作物群体结构,变无序为有序,从总体上提高农业生物的生产能力。这比西欧中世纪实行撒播,作物在田间呈散漫无序状态,的确要高明许多。以后这种群体结构又由单一作物发展为多种作物或多种农业生物。在这样的农业生态系统中,人们对各种生物间相生相克的关系,巧妙地加以利用。如间套作和轮作复种就是利用作物间互抑或互利关系,组成合理的作物群体结构。陈旉指出,只要充分利用天时地利,加以合理安排,可以做到各种作物"相继以生成,相资以利用,种无虚日,收无虚月"(陈旉《农书》)。

也正是在这种整体观指导下,我国古代农业重视农业系统中废弃物质的再利用。中国古代的肥料,大多来源于这种废弃物。肥料是近代词汇,古代肥料称"粪",其本义是弃除,即从住处清除出来的无用的有机物和无机物,现在俗称"垃圾"。由于这些垃圾被用作肥料,粪字也就取得肥料的意义。粪字字义的这种变化,表明中国人很早就懂得农业中废弃物的利用。王祯《农书》说:"夫扫除之秽,腐朽之物,人视而轻忽,田得之而膏泽,唯务本者(从事农业的人)知之,所谓惜粪如惜金也。故能变恶为美,种少收多。"清代杨屾在《知本提纲》中进一步把这种关系归纳为"余气相培",指出农业产品中人类不能直接利用的部分和人畜的排泄物,包含了可以在农业生产中进行再循环和再利用的能量,这已是对农业生态系统中物质循环和能量转化的一种初步理论表述。我国古代农业创造的一些多品种、多层次的立体生产方式,正是生物互养、循环利用思想的体现。

在"三才"理论体系中,人与天地并列,这本身就包含了"天地之间人为贵"的思想。在某种意义上,人居于主导地位,但人不是以自然的主宰者身份出现的,他是自然过程的参与者;人和自然不是对抗的关系,而是协调的关系;虽然人和自然的碰撞难免发生,但秩序与和谐始终为人们所追求。我国早在先秦时代已产生保护自然资源的思想。农业生物在自然环境中生长,有其客观规律性。人类可以干预这一过程,使它符合自己的目标,但不能驾凌于自然之上,违反客观规律。贾思勰说:"顺天时,量地利,则用力小而成功多,任情返道,劳而无获"(《齐民要术》),说的就是这个意思。因此,中国传统农业总是强

调因时、因地、因物制宜,即所谓"三宜",把这看
作是一切农业举措必须遵循的原则。但人在客
观规律面前并非无能为力;人们认识了客观规
律,就有了主动权,可以"盗天地之时利"(陈旉
语),可以人定胜天。明代马一龙说:"知时为上,
知土次之。知其所宜,用其不可弃;知其所宜,避
其不可为,力足以胜天矣。知不踰力,劳而无
功。"(《农说》)深刻阐述了尊重客观规律性与发
挥主观能动性之间的辩证关系。

"三才"理论是精耕细作技术的重要指导思
想。精耕细作的基本要求是在遵守客观规律的
基础上充分发挥人的主观能动性,利用自然条
件的有利方面,克服其不利方面,以争取高产。
精耕细作重视人的劳动("力"),更重视对自然
规律的认识("知")。上文所谈一系列精耕细作
技术,都是建立在对农业生物和农业环境诸因
素间的辩证关系的认识基础之上的。

关于"人"的因素,除"力"和"知"的关系外,
还有"力"与"和"的关系。古人常常谈"人力",也
常常谈"人和"。所谓"力"是指人的劳动力。在古
代农业中,土地和劳力是两大基本要素。古人在
农业实践中很早就了解到这一点,故而把"力"

作为"人"的因素的基本内涵。但人从事农业不是孤立的个人单独进行的,而是联合在一定的社会组织中进行的,因而需要协调彼此的关系,使许多单个的力组成合力,而不至相互抵消。由此形成"人和"的概念。早在战国时代,"天时、地利、人和"就成了"三才"理论最流行最典型的表述方式。由此可见,即使是对人这一因素,古人也是从整体予以考察的。

英国著名中国科技史专家李约瑟认为中国的科学技术观是一种有机统一的自然观。对此,大概没有比在中国古代农业科技中表现得更为典型的了。"三才"理论正是这种思维方式的结晶。

这种理论,不是从中国古代哲学思想中移植到农业生产中来的,而是长期农业生产实践经验的升华。它是在我国古代农业实践中产生,并随着农业实践向前发展的。

四

结束语：传统农业
与现代化

ZHONG GUO

WEN HUA SHI

ZHI SHI

CONG SHU

面我们分别介绍了中国古代农
业和中国古代农学的各个方
面，现在再作一总的考察。

中国古代农业的发展并不是一帆风顺的，
它遇到过不少困难和挫折。从上面的叙述我们
可以看到，我国的自然条件对古代农业的发展
既有有利的一面，又有不利的、甚至是严峻的一
面。我国历史上自然灾害相当频繁。据邓云特
《中国救荒史》统计，从公元 206 年到 1936 年，
我国水、旱、蝗、雹、风、疫、地震、霜、雪等灾害共
发生 5150 次，平均每四个月发生一次；其中旱
灾 1035 次，平均每两年发生一次，水灾 1037
次，平均亦每两年发生一次。土地条件也是利害
参半。我国现有耕地中不少是原来的低产田，外
国人视为不宜耕作的"边际土地"。从社会条件
看，我国长期处于封建地主制统治下，广大农民
受地主和封建政府的苛重剥削，这种剥削降低

了农民的生产能力和抗御自然灾害的能力。尤其是封建地主制的痼疾——土地兼并的恶性发展,往往促使各种社会矛盾激化,导致大规模农民起义或统治阶级内部各集团之间的战争。民族矛盾也会发展为民族战争。民族战争有时和阶级战争接踵而至。战乱又往往和天灾纠结在一起,像一张血盆大口,无情地吞噬掉多少年积累的农业生产成果。在我国历史上,由于天灾人祸相继发生造成赤地千里的惨状是屡见不鲜的。在封建社会后期,我国农业又面临人口膨胀所造成的巨大压力。

然而,这些困难和挫折虽然给我国古代农业造成严重的破坏,但却不能中止它前进的步伐。具有多元交汇的博大体系和精耕细作的优良传统的中国传统农业,犹如一棵根深蒂固的大树,砍断了一个大枝,很快又长出了新的大枝来代替,不但依然绿荫满地,而且比以前更加繁茂了。

中国古代农业多元交汇、精耕细作的特点是如何形成的呢?

我们知道,农业生产以动植物为对象,离不开自然界,自然环境如何,对农业生产影响极大。不过,农业生产的主体是人,而人并非只是消极地适应自然,而是能够能动地改造自然。所谓自然条件的优劣,是相对而言的,它对农业生产的作用是正是反,是大是小,往往视人类利用和改造自然的能力为转移。如滔滔江河,当人们还不能控制它的时候,往往洪潦横流、肆虐大地;一旦人们控制了它,河水就听从人的使唤,给人类带来灌溉、航运以至发电等多方面的利益。我们还可以看到,过于"优厚"的自然条件(如天然食品库过于丰裕)往往助长人们对自然界的依赖;而相对严峻的自然条件,反而会激发人们改造自然的勇气和才智。因此,对农业生产发展更有意义的,不是自然条件的"优厚",而是它的多样性。中国古代农业实得益于这种多样性。它不像某些古代文明那样局促于一隅,而是发生于一个十分宽广的地域内。它跨越寒温热三带,有辽阔的平原盆地,连绵的高山丘陵,众多的河流湖泊,各地自然条件差异很大,动植物资源十分丰富,这是任何古代文明起源地无法比拟的。在这样一个宽广的舞台上,中国古代劳动人民的农业实践,无论广度和深度,在古代世界都是无与伦比的。各地区各民族基于自然条件和社会传统的多样性而形成相对异质的农业文化,这些文化在经常的交流中相互补充、相互促进,构成多元交汇、博大恢宏的体系。在这一体系下,农业具有发展与创新的内在动力,而且回旋余地很大,"东方不亮西方亮,黑了南方有北方",这使得它在总体上具有极强的抗御灾害、克服困难的能力。

在中国古代农民丰富的农业实践中,产生了精耕细作的优良传统。精耕细作本质上是中国古代人民针对不同自然条件,克服不利因素发扬有利因素而创造的巧妙的农艺。各地区各民族农业文化的交流,促进了精耕细作科学技术体系的形成,并不断丰富它的内容。从某种意义上说,精耕细作是多元交汇农业体系的产物。

除此以外,精耕细作科学技术体系的产生,又与一定的社会经济条件、尤其是与封建地主制有关。在封建地主制下,虽然剥削苛重,但土地可以买卖,自耕农始终占有相当大的比重,地主则主要采取租佃制的剥削方式,而佃农对地主的人身依附,要比份地制下农奴对领主的依附轻些。无论自耕农和佃农,都有较大的经营自主权。因此,他们发展农业生产的积极性和主动性比欧洲中世纪农奴要高得多①。我们知道，农业生产归根结底要靠人，劳动者的积极性、主动性是至关重要的。精耕细作的农业技术，正是以充分发挥人的主观能动性为前提的。同时，由于个体农民经济力量薄弱，由于他们生产条件不稳定，经常受土地兼并及地主增租夺佃的威胁，扩大生产规模是很难的，一般只能在小块土地上，用多投劳力和改进农艺的方法，尽量提高单位面积产量，以解决一家数口的生计问题。这也是精耕细作传统形成的重要原因之一。

我国古代农业尽管遇到无数次大大小小的天灾人祸，但从来没有由于技术指导的错误而引起重大的失败。不管遇到什么样的困难和挫折，精耕细作的传统始终没有中断过，而且，正是这种传统，成为农业生产和整个社会在困难中复苏的重要契机和重要手段。魏晋南北朝的农业史、辽金元的农业史、清代的农业史，都说

---

① 欧洲中世纪农奴从领主那里领得份地，他们被固定在份地上，对领主有严格的人身依附关系，要首先为领主提供各种无偿劳役。当时实行三圃制，各区土地今年种什么，明年种什么，早为村社习惯所固定，不得违背；收获了庄稼以后的耕地即充当公共牧场。因此，农民对份地经营的自主权是十分有限的。

明了这一点。

中国传统农业虽然取得了辉煌的成就，但它毕竟主要是在封建时代小农分散经营的条件下形成的，是建立在手工操作、直观经验的基础上的。由于传统农具明清后没有继续得到改进，由于人口增加，人均占有耕地面积减少，由于经营规模的狭小和分散，劳动生产率低下，这就极大地限制了商品经济发展的广度和深度，极大地限制了其他经济文化事业发展的规模。另一方面，尽管中国古代很早就出现合理利用自然资源、因地制宜全面发展农业生产的思想，尽管在一定地区和一定范围内形成了各业综合发展的良性农业生态体系，但在封建制度和分散经营条件下，不可能在更大规模上合理利用自然资源，不可能在生产结构的总体上建立农林牧副渔各业协调发展的关系。由于盲目开发导致森林、牧场和水资源的破坏，以及农林牧渔比例失调等现象也有发生。从人类社会生产力发展的总进程看，传统农业已落后于时代，它必然要被现代农业所替代。这一替代，欧美国家在资本主义产生和发展的过程中已经完成了。而中国的农业，由于特殊的历史原因，直至现代还没有完全脱离传统农业的范畴。从传统农业向现代农业过渡，用现代科学和现代装备改造我国农业，仍然是今天社会主义建设的重要任务。

但要实现中国农业现代化，并非要全盘否定中国的传统农业。我们只能抛弃传统农业中落后的东西，对其中合理的成分则应继承和发扬。精耕细作的科学技术体系正是我国传统农业的精华和合理内核，在传统农业向现代农业过渡的今天仍保持着旺盛的生命力。例如它集约经营、主攻单产，对土地资源的利用比较经济，这无疑适合我国当前人多地少、耕地后备资源严重不足的社会经济条件。而且，世界上土地有限，人口却不断增长，人类总是要向有限的土地索取越来越多的产品，以满足不断增长的人口的需要，因此从长远看，人类也只能走精耕细作、提高单产的道路。

在实现农业现代化过程中，要学习西方先进的农业科学技术。但应看到，西方现代农业虽然应用了近代自然科学的成果，取得了重大成就，但西方近代自然科学是把自然界分解成各个部分进行孤立的研究的结果，对事物之间总的联系注意不够。因此，西方现代农业在一定程

度上违背了农业的本性。西方现代农业出现的
环境污染、水土流失、能量的"投入产出比"随投
入量的增加日益下降等问题,不能不说与此有
关。相比之下,中国传统农业科学技术比较注意
农业生产的总体,比较注意适应和利用农业生
态系统中农业生物、自然环境等各种因素之间
的相互依存和相互制约,比较符合农业的本性。
也因而能比较充分地发挥人在农业生产中的能
动作用,使人和自然的关系比较协调。在一定意
义上,这代表了农业的发展方向。

　　总之,现代科学、现代装备与精耕细作的优
良传统相结合,是中国农业现代化的必由之路,
也将是中国农业现代化的特点和优势。中国传
统农业的精华,将在中国未来的农业中永生。

图书在版编目（CIP）数据

中国古代农业/李根蟠著．—增订版．—北京：商务印书
馆，1998
（中国文化史知识丛书）
ISBN 7-100-02549-4

Ⅰ.中… Ⅱ.李… Ⅲ.农业史－中国－古代 Ⅳ.S-092.2

中国版本图书馆 CIP 数据核字（96）第 20265 号

中国文化史知识丛书

ZHŌNGGUÓ GǓDÀI NÓNGYÈ
中 国 古 代 农 业
李 根 蟠

商 务 印 书 馆 出 版
（北京王府井大街 36 号 邮政编码 100710）
商 务 印 书 馆 发 行
北京市白帆印务有限公司印刷
ISBN 7 - 100 - 02549 - 4/G·353

1998 年 11 月第 1 版 　开本 787×1092 1/32
2007 年 7 月北京第 5 次印刷 　印张 5¾ 插页 4

定价：13.00 元